色彩设计

国外建筑设计案例精选

色彩设计

（中英德文对照）

［德］芭芭拉·林茨 著

董红羽 译

中国建筑工业出版社

引言

色彩使建筑更接近人类。尤其在对人类情绪的影响上，色彩有着立竿见影的效果。而建筑有时候在瞬间给人带来的心理影响不会很明显，这是因为我们日常的感知很复杂，需要进行多层面的观察才能对建筑有一个总体认识。

这种色彩理论和色彩科学连同色彩的物理性，20 世纪以来成为西方建筑的主旨。现在色彩留给油漆工的不仅仅是表面的装饰工作，这是一个结构性现象。20 世纪 20 年代的包豪斯学校在建筑中成为运用色彩的典范。在德绍展览中的包豪斯讲堂，校长室的室内设计仍将建筑物的主导性留给了外观，其中展示出的强烈色彩，如同音乐中的重音，在白色贝壳上留下了星星点点斑斓的色彩。

色彩心理学已经对色彩即效性作了深层次研究，这对于明确的建筑功能而言非常重要。学校和护士学校、医院，甚至工厂在应用上具有典型的定位特性。从根本上讲，室内建筑设计的配色更具有综合性，因为它们更关注围绕着我们的空间。

正是因为色彩是一个强烈的符号，会将建筑中的其他特征推到幕后，才因此需要妥善处理。一个失败的配色效果会让人觉得不堪忍受。因此有时候“无色”的建筑在表现上会比较复杂、需要额外小心慎重地考虑。色彩等同于一个表层物和多种颜色的混合。20 世纪 80 年代以来随着后现代主义运动的推进，对于建筑表面的强调已经促进了极端的、明亮的色彩混合，以及外形和其他的一些风格的混合手法——最终证明了这是一个乏味的且非常短暂的阶段。21 世纪早期技术的进步和材料的质量影响了色彩在建筑上的应用。今天的彩色灯光和多媒体技术可以用光来装饰建筑，冷光管和微容积的照明闪闪浮动于建筑表面，或者在其他位置上，对表面进行强调和装饰。更可取的是天然的建筑材质上的色彩会经常展示出有趣的建筑表现力：从被腐蚀的钢材到现代的砖块以及土建技术，乃至于具有微妙色彩的混凝土都能窥见一斑。固有色与涂层的色彩进行对比，在今天构建出一系列配色方案。

过去 10 年间出现了一个引人注目的趋势，在所有的颜色中最美丽的色彩，倾向于使用红色——这在所有色调中都可发现。

Colour brings architecture closer to people. It has an immediate effect and speaks to emotions whereas buildings sometimes are of minor significance in our daily perceptions because their complexity requires a structured observation.

Colour theory and the science of colours, as well as the psychology of colours, are themes Western architecture has embraced since the 20th century. Colour is now more than surface decoration left to painters; it is a structural phenomenon. The Bauhaus school of the 1920s was formative in the use of colour in architecture. The Masters' Houses of the Bauhaus lecturers in Dessau exhibit intense colours in the interior, but still leave the outside of the building predominantly as a white shell with a few coloured accents.

The psychology of colour has made an in-depth study of the immediate effects of colour. It can be important for specific building functions. Schools and nursery schools, hospitals and even factories are typical locations for its application. Basically, colour schemes for interior architecture are more comprehensive because they are concerned with the space immediately surrounding us.

Precisely because colour is a strong signal that pushes other features into the background it demands sensitive handling. A failed colour scheme can have an unbearable effect. 'Colourless' architecture is therefore sometimes an expression of perplexity and exaggerated carefulness. Colour is equated with a mix of colour and superficiality. Since the 1980s, following the postmodern movement, the emphasis on the façade has been pushed to the extreme, mixing bright colours, shapes and bits of other styles – a very short-lived phase that proved ultimately to be tedious.

The use of colour in the architecture of the early 21st century is influenced by technical progress and work with material qualities. Coloured glass and multimedia technologies today allow building with light. The luminescent, shimmering volumes appear to float. Another position is the emphasis on substance. Here work is preferably with coloured (natural) building materials that often exhibit very interesting structures: from corroded steel to modern brick and loam building technologies to coloured concrete. Substantial colours, in contrast to painted-on colours, constitute a serious colour scheme today.

In the past ten years there has been a notable tendency towards possibly the most beautiful of all colours – red – in all its tints and shades.

Einleitung

Farbe bringt Architektur den Menschen näher. Sie wirkt unmittelbar und ruft Emotionen auf den Plan, wo Gebäude in unserer alltäglichen Wahrnehmung mitunter eine Nebenrolle spielen, weil ihre Komplexität eine strukturierte Betrachtung erfordern würde.
Farbtheorie und Farbenlehre sowie Farbpsychologie sind Themen, die sich die westliche Architektur seit dem 20. Jahrhundert zu eigen gemacht hat. Farbe ist nun mehr als nur oberflächliche Dekoration, die dem Malerhandwerk überlassen bleibt, sie ist ein strukturelles Phänomen. Für die auf die Architektur angewandte Farbigkeit war die Bauhauslehre in den 1920er-Jahren prägend. Die Meisterhäuser der Bauhauslehrer zeigen intensive Farben in den Innenräumen, belassen das Gebäudeäußere allerdings noch vorwiegend als weiße Hülle mit wenigen farbigen Akzenten.
Die Farbpsychologie hat die unmittelbare Wirkung von Farbe eingehend untersucht. Sie kann für bestimmte Gebäudefunktionen von Bedeutung sein. Schulen und Kindergärten, Krankenhäuser, aber auch Fabriken sind typische Anwendungsgebiete. Grundsätzlich sind Farbkonzepte in der Innenarchitektur ausgefeilter, weil sie den uns unmittelbar umgebenden Raum betreffen.
Gerade weil Farbe ein starkes Signal ist, das andere Eigenschaften in den Hintergrund drängt, erfordert sie einen sensiblen Umgang. Eine misslungene Farbgebung kann unerträglich wirken. „Farblose" Architektur ist daher manchmal Ausdruck von Ratlosigkeit und übertriebener Vorsicht. Farbe wird gleichgesetzt mit Buntheit und Oberflächlichkeit. Seit den 1980er-Jahren hat man im Zuge der Postmoderne-Bewegung die Betonung der Fassade auf die Spitze getrieben und knallige Farben, Formen und Stilzitate miteinander vermischt – eine sehr kurzlebige Phase, die Überdruss hervorrief.
Die Farbigkeit der Architektur am Beginn des 21. Jahrhunderts ist geprägt von technischen Neuerungen und der Beschäftigung mit Materialqualitäten. Farbiges Glas und Multimediatechniken ermöglichen heute ein Bauen mit Licht. Die leuchtenden, schimmernden Volumen scheinen zu schweben. Eine andere Position ist die der Betonung von Materialität. Hier arbeitet man bevorzugt mit farbigen (Natur-)Baustoffen, die oft eine sehr interessante Struktur aufweisen: von korrodiertem Stahl über moderne Ziegel- und Lehmbautechniken bis zu durchgefärbtem Beton. Die substanzielle Farbigkeit im Gegensatz zur aufgemalten macht heutzutage ein seriöses Farbkonzept aus.
In den letzten zehn Jahren zeigte sich dabei eine bemerkenswerte Tendenz zur wohl schönsten aller Farben – Rot – in allen seinen Tönen und Schattierungen.

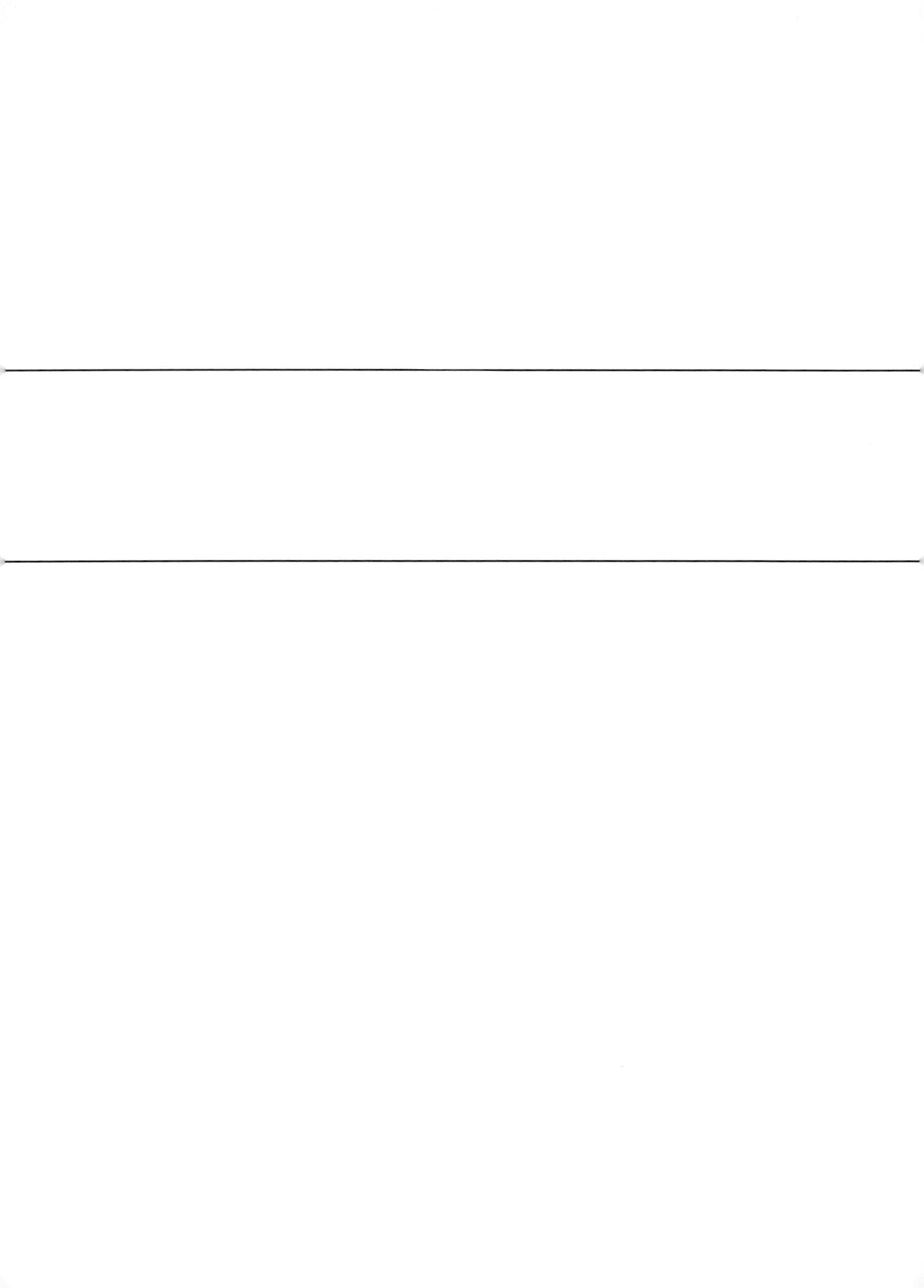

PROJECTS | PROJEKTE

项目

AFF 建筑设计事务所

Freudenstein Castle, Freiberg (Germany)

The castle was redeveloped and remodelled for the intake of the Saxon Mining Archive and the world's largest mineralogical collection, whereby the retention of its exterior appearance, the emblem of the city of Freiberg, was essential. As a result, the restoration in the castle's courtyard, which received a new black entrance building, appears much understated. Upon entering the interior, one is greeted by a strong new spatial experience. Old and new stand clearly and abruptly adjacent, which is made particularly noticeable and deliberate through colour and material contrasts. The new installations of brilliant lilac, violet, pink, green and yellow stand out sharply against the background of the exposed old building materials with their natural colours. Among other things, these colours serve to demarcate different functional areas within the Saxon Mining Archive and the collection.

Schloss Freudenstein, Freiberg (Deutschland)

Das Schloss wurde für die Aufnahme des Sächsischen Bergarchivs und der weltgrößten mineralogischen Sammlung saniert und umgestaltet, wobei die Erhaltung seines äußeren Erscheinungsbildes, des Wahrzeichens der Stadt Freiberg, wesentlich war. Die Restaurierung gibt sich demgemäß im Schlossinnenhof, der ein neues schwarzes Eingangsgebäude erhalten hat, noch sehr dezent. Betritt man das Innere, wird man dort von einem starken neuen Raumerlebnis empfangen. Alt und Neu stehen klar und unvermittelt nebeneinander, was insbesondere durch Farb- und Materialkontraste sichtbar und bewusst gemacht wird. Vor dem Hintergrund der freigelegten alten Baumaterialien mit ihren Naturtönen treten die neuen Einbauten in leuchtendem Lila, Violett, Pink, Grün und Gelb deutlich hervor. Diese Farben dienen unter anderem der Kennzeichnung verschiedener Funktionsbereiche innerhalb des Archivs und der Sammlung.

弗雷登斯亭城堡，弗赖堡（德国）

这个城堡为撒克逊矿业存档室和世界上最大的矿业收藏馆入口进行了改建，并借助室外设计所保留的风貌，成为弗赖堡城市的象征。最终通过一个新的、黑色的、比较不引人瞩目的入口，恢复了这个城堡的庭院。进入室内，迎面而来的是一种全新的、强有力的空间体验。新与旧，以及断续相邻的形式刻意通过色彩和材料凸现出来。通过与建筑原有材质为背景的自然色强烈的对比，这些紫丁香色、紫罗兰色、粉色、绿色以及黄色的新设计便脱颖而出。除此之外，这些色彩还为撒克逊矿业存档室和收藏馆进行了功能上的区域划分。

AUSSTELLUNG
BENUTZERKABINEN

The interior of the black, monolithic entrance building is entirely a bright shade of lilac from the floor to the walls and ceiling.

Das außen schwarze, monolithische Entréegebäude ist innen, vom Boden über die Wände bis zur Decke, in einem hellen Lilaton gehalten.

黑色调的室内设计，由整块石头构建的建筑入口，从地面到墙体以及顶棚完全是紫罗兰色的明亮色调。

The administrative offices surround an atrium-like, completely green installation. The smooth coloured surfaces contrast nicely with the old brickwork.

Um einen atriumartigen, komplett grün getönten Einbau versammeln sich die Verwaltungsräumlichkeiten. Die glatten Farbflächen kontrastieren schön mit dem alten Mauerwerk.

行政管理办公室环绕着一个类似中庭的结构，全部是绿色的装置。光滑的色彩表面与旧的砌砖形成了恰到好处的对比。

Shades of pink and violet in the coat check and stairwell meet up with old stone-faced vaults and the natural brown of the wooden floors, stairs and massive old girders.

Pink- und Violetttöne in Garderobe und Treppenhaus treffen auf steinsichtige alte Gewölbe und auf das Naturbraun der Holzböden, -treppen und massiven alten Tragbalken.

粉色和紫罗兰色的衣帽间与楼梯间以及石面的地下室安置在一起，地下室木地板、楼体和巨大而古老的大梁呈现出了自然的木本色。

A free-standing house within a house of concrete was set into one wing of the castle. It houses the Archives of Mining and Metallurgy now.

In einen Schlossflügel wurde als Haus im Haus ein freistehender Baukörper aus Beton gesetzt. Er beherbergt nun das Bergarchiv.

混凝土房子内的一个独立式房间被设置在城堡的一翼，作为采矿和冶金的档案室。

Its yellow interior contrasts distinctly with the surrounding room. Crossed sledgehammers symbolise the theme of mining history.

Sein gelbes Inneres hebt sich deutlich vom Umraum ab. Gekreuzte Hämmer symbolisieren das Thema der Montangeschichte.

环绕着房间的黄色设计呈现出清晰的对比，交叉的铁锤作为装饰主题成为矿业史的象征。

阿莱西+维尔·阿莱兹

dOt, IlBagnoAlessi by LAUFEN

IlBagnoAlessi dOt by Wiel Arets is a new complete bathroom decor, with bathtubs, shower basins, furniture and accessories produced by Laufen Bathrooms GmbH. You will find a small dOt (point) on each individual element as a means of brand recognition. The round cross-section of the accompanying fittings has the same dimension as the dot-shaped grip holes on the bath furniture. The contour of the individual elements was developed from the cube, whereby the sides were angled and the edges rounded. As a programme, dOt is based on white sanitary ceramics with high-gloss surfaces combined with bathroom furniture of reddish brown and green. A Laufen Bathrooms-designed interior promotes the bath programme. There, bright colours provide a fitting backdrop for the series. One wall consists of a continuous striped pattern. Another is bright red.

dOt, IlBagnoAlessi by LAUFEN

IlBagnoAlessi dOt von Wiel Arets ist eine neue Badszenerie, deren Bade- sowie Duschwannen, Möbel und Accessoirs von der Laufen Bathrooms GmbH hergestellt werden. Als Wiedererkennungsmoment findet man einen dOt (Punkt) auf jedem der einzelnen Elemente. Der kreisrunde Querschnitt der zugehörigen Armaturen hat das gleiche Maß wie die punktförmigen Grifflöcher an den Badobjekten. Die Umrissform der einzelnen Elemente wurde aus dem Kubus entwickelt, die Seiten wurden dabei abgeschrägt und die Kanten abgerundet. Als Raumprogramm basiert dOt auf weißer Sanitärkeramik mit hochglänzender Oberfläche, kombiniert mit leutendem Rotbraun und Grün bei den Badmöbeln. Mit einem von Laufen Bathrooms entworfenen Interieur wird für das Badprogramm geworben. Dort bilden bunte Farben den geeigneten Hintergrund für die Serie. Eine Wand besteht aus einem durchgängigen Streifenmuster. Eine andere ist knallrot.

劳芬的卫浴系列

由维尔·阿莱兹（荷兰籍设计师）设计的 Il Bagno Alessi dOt 是一个时尚的卫浴装饰系列，浴缸和浴盆、卫浴家具以及相关附件都由劳芬卫浴有限责任公司生产。作为一个品牌识别的手段，你会看见每一个独立的组件上都有一个小的圆孔出现。附配件上的圆形空的系数与浴室家具中的圆孔尺寸是匹配的。每个附件的轮廓都是从这个立方体发展而来的，与圆孔的角度和边缘都是相一致的。作为一个方案，dOt 的设计是基于具有高光泽外表的白色卫生陶瓷与卫浴室内设计促进方案的结合。劳芬的室内卫浴促进了浴室设计方案。在这里，明亮的颜色为这个系列提供了一个适合的背景。一面墙是由连续不断的彩条组成的，而另一个是明亮的红色。

For Arets, the dOt represents a drop of water. For him it is something small, round.

Der dOt steht gemäß Wiel Arets für einen Tropfen Wasser. Wasser ist für Arets immer etwas Weiches, Rundes.

对于设计师阿莱兹而言，dOt的设计要呈现出水滴般的形状，是小而圆的那种。

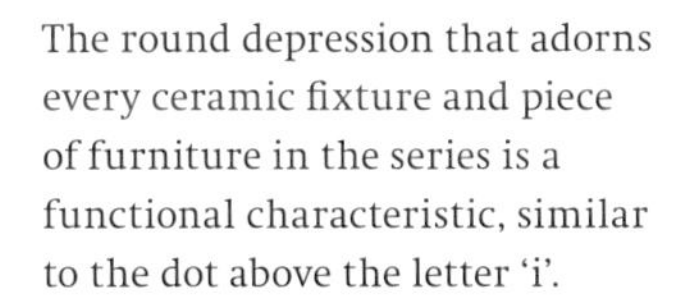

The round depression that adorns every ceramic fixture and piece of furniture in the series is a functional characteristic, similar to the dot above the letter 'i'.

Die runde Vertiefung, die jedes Keramik- und Möbelstück der Serie ziert, ist ein funktionelles Charakteristikum, so etwas wie das Tüpfelchen auf dem i.

这个圆形的凹陷作为装饰出现在陶瓷的组件和每件家具上，成为这组系列功能的特点，就像是字母i上的那个圆点。

The pieces exude calm. "All objects serve the relief of the senses," Wiel Arets describes the design principle.

Die Objekte strahlen Ruhe aus. „Alle Gegenstände stehen im Dienst der Entspannung der Sinne“, beschreibt Wiel Arets das Entwurfsprinzip.

每一件作品都散发出宁静的味道，"全部的作品都展现出缓解压力和放松的感觉，"维尔·阿莱兹这样描述这个设计的宗旨。

艾尔索普建筑师事务所

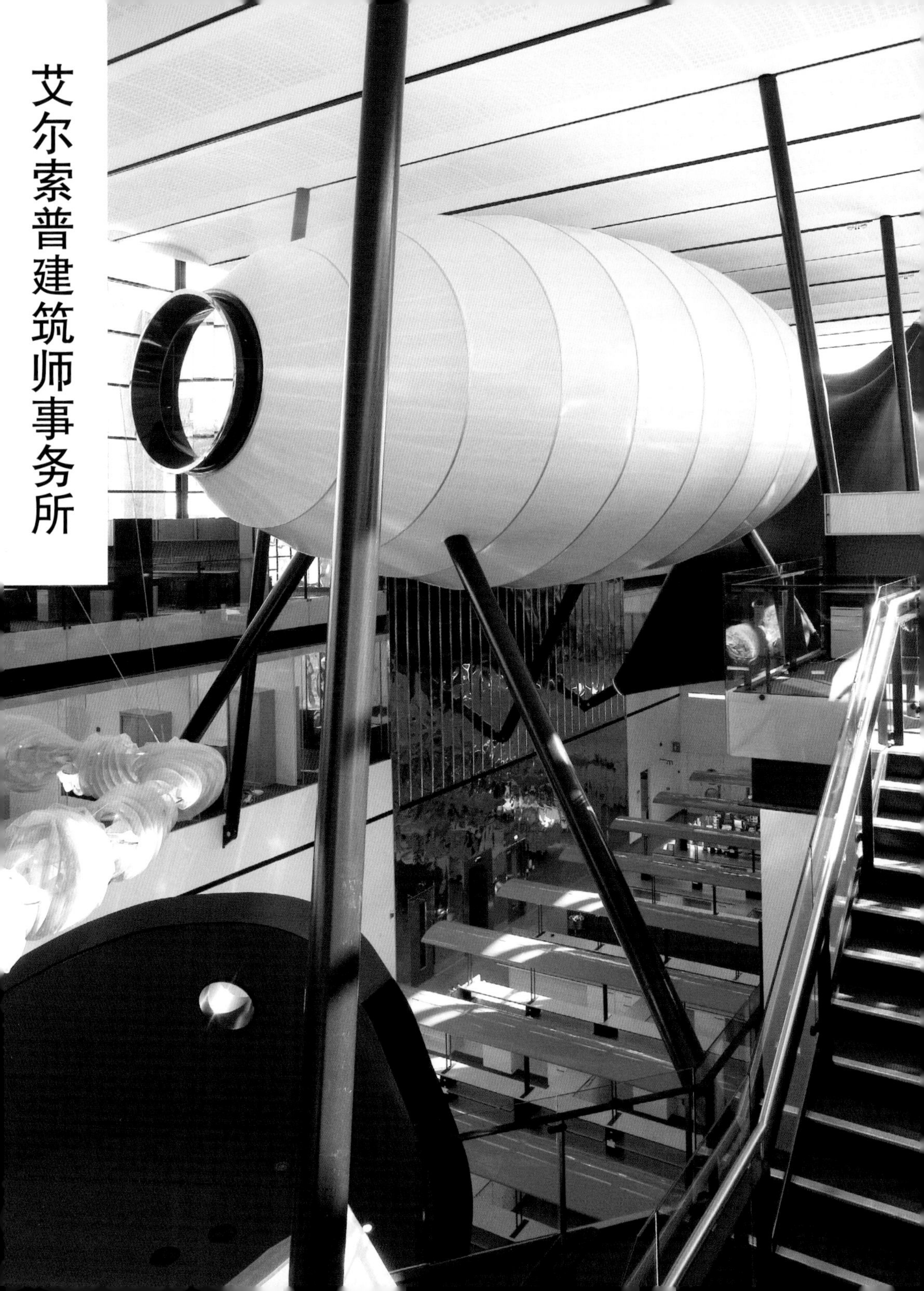

Blizard Building, London University

The project includes new buildings for the medical faculty of Queen Mary University of London. The ensemble is intended to promote communication and networking among the researchers and students here and prevent separation. The atmosphere should differentiate it from the often cold, anonymous environment of conventional research facilities. The transparent surface of the large, glass rectangular building that encloses the seminar department represents transparency. In this glass shell are instruction rooms that seem to nearly float and whose organic forms are reminiscent of cellular bodies. Their bright colours glow into the campus. The unusual room configurations are accessible through a sort of gallery. The view to the lower level is open and communicates transparency. The artist Bruce McLean designed stylised figures for the façade. They also refer formally to microbiology.

Blizard Building, Universität London

Das Projekt umfasst Neubauten für die medizinische Fakultät der Queen Mary University of London. Das Ensemble soll die Kommunikation und Vernetzung unter den hier Forschenden und Lernenden fördern und Vereinzelung verhindern. Seine Atmosphäre sollte sich deutlich von dem oft kalten, anonymen Umfeld konventioneller Forschungseinrichtungen unterscheiden. Die durchsichtige Hülle des großen, gläsernen Gebäuderechtecks, das die Seminarabteilungen umschließt, steht für Transparenz. In dieser Glashülle befinden sich schwebend installierte Unterrichtsräume, die in ihrer organischen Form an Zellkörper erinnern. Ihre bunte Farbigkeit leuchtet bis auf den Campus. Die ungewöhnlichen Raumgebilde sind von einer Art Galerie aus zugänglich. Der Blick in das Tiefgeschoss ist offen und vermittelt Transparenz. Der Künstler Bruce McLean entwarf stilisierte Abbildungen für die Fassade. Auch sie nehmen formal Bezug auf die Mikrobiologie.

伦敦大学布里扎德大楼

这个项目包括了伦敦玛丽皇后学院医学系的新建筑。整体的设计旨在促进研究者和这里的学生之间的交流和网络沟通，避免信息的隔离。这里的氛围应该区分于通常冷冰冰的、没有特色的传统研究设施。这个建筑物有着大面积、通透的表面，矩形的玻璃包围着研讨室并提供必要的光照度。这个玻璃外观构筑的空间看起来就像一个漂浮物，并且类似有机组织的形式令人联想起蜂窝状的构造。明亮的彩色光线在校园里闪闪呈现。这一切将这个美术馆——一个不寻常的空间构筑了出来。低一层的视角是开放、通透的，便于交流。艺术家布鲁斯·麦克莱恩为这个墙体设计了独具风格的图案，这些图案在形式上也参考了生物学的一些内容。

The fanciful installations have names like 'the cell' or 'mushroom'.

Die phantasievollen Einbauten tragen Namen wie „die Zelle“ oder „Pilz“.

这个奇形怪状的装置有着类似“细胞”或者“蘑菇”一类的名字。

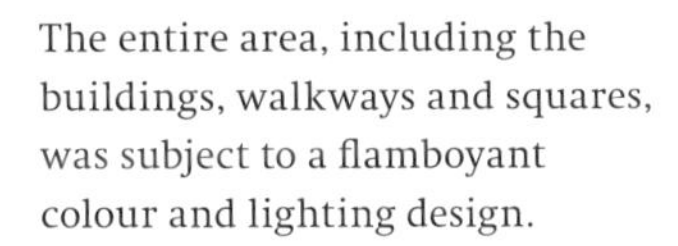

The entire area, including the buildings, walkways and squares, was subject to a flamboyant colour and lighting design.

Das ganze Gelände, einschließlich der Gebäude, Passagen und Plätze, wurde einem auffälligen Farb- und Lichtdesign unterzogen.

入口区包括了建筑物、通道和广场，体现出个性张扬的色彩和照明设计。

The scientists were included in the conceptual design of the faculty architecture and could describe their ideas of an appropriate working environment.

Bei der Konzeption der Fakultätsarchitektur wurden die Wissenschaftler mit einbezogen und konnten ihre Vorstellungen eines geeigneten Arbeitsumfelds beschreiben.

这些科学家们置身于一个概念性的建筑设计中，在一个恰如其分的工作环境中描绘着他们的理想。

荒川＋金斯

Bioscleave House (The Life-Extending Villa) (USA)

The artists Arakawa and Madeline Gins are inspired by the idea of immortality. At their Architectural Body Research Foundation they develop strategies to promote spryness. A basic principle is the 'Experience', an advancement of the wakefulness of the senses (and with that, a cultivation of body and spirit). In their statements that include a multitude of originally created words, they remove themselves from the one-dimensional definition with regard to their goals and force their counterparts to have their own experiences. The footprint of the Bioscleave House in East Hampton on Long Island is blossom-shaped, with a large living room in the middle. A deep green dominates here, while a total of about 40 colours can be experienced in and on the house. Translucent polycarbonate and metal alternate in interplay with the lacquered walls and window surfaces. The horizontal and vertical building layers are interleaved with one another, and so here also every clearly defined meaning is avoided.

Bioscleave House (Die lebensverlängernde Villa) (USA)

Die Künstler Arakawa und Madeline Gins sind von der Idee der Unsterblichkeit inspiriert. In ihrer Architectural Body Research Foundation entwickeln sie Strategien zur Unterstützung von „Lebendigkeit“ durch Architektur. Ein Grundprinzip ist das „Erleben“, eine Förderung der Wachheit der Sinne (und damit ein Fördern von Körper und Geist). In ihren Statements, die eine Vielzahl rätselhafter, eigener Wortschöpfungen enthalten, entziehen sie sich der eindimensionalen Festlegung hinsichtlich ihrer Ziele. Der Grundriss des Bioscleave House in East Hampton auf Long Island ist blütenförmig mit einem großen Wohnraum in der Mitte. Hier dominiert ein sattes Grün, während insgesamt wohl um die 40 Farbtöne in und an dem Haus „erlebbar“ sind. Transluzentes Polykarbonat und Metall treten in ein Wechselspiel mit den lackierten Wänden und den Fensterflächen. Die horizontalen und vertikalen Gebäudeschichten sind verschachtelt, und so wird auch hier jede festlegende Eindeutigkeit vermieden.

拜尔斯克里夫屋（延展生命的别墅）（美国）

艺术家荒川和马德琳·金斯被一个不朽的理念激励着。在他们的建筑实体研究基金会中他们发展着促进活力的策略。一个基础的原则就是“体验”，一个促进“觉醒”的提升的感受（以此促进身体和精神方面的训练）。在他们的陈述中包括了大量原创的词汇，就他们的目标而言，他们跳出了一个维度的定义，并促使他们的同行有自身的体验。在长岛东汉普顿的拜尔斯克里夫屋呈现出花型，中间有大型的起居室。能体验到房屋内外的大约 40 种颜色，但深绿的颜色是这里的基调。半透明的聚碳酸酯以及金属与建筑外观的漆、窗户的表面相互映衬与对比。垂直和水平的建筑层鳞次栉比地交错着，避免每一个明确的界定。

The floor relief in the centre of the house is made of rammed earth. It surrounds the kitchen appliances.

Das Bodenrelief im Zentrum des Hauses besteht aus gestampftem Lehm. Es umschließt die Küchen-armatur.

房屋中心地板上的浮雕图案是由泥土填充的。它环绕着整个厨房的装置。

A bright array of poles helps with climbing tours and enlivens the large space.

Ein bunter Stangenwald hilft bei Kletterpartien und belebt den weiten Raum.

一组简洁的柱子阵列可供攀爬并支撑起一个充满活力的大空间。

'Reversible Fate' Flats, Mitaka (Japan)

A house as a large adventure playground, as a 'jungle camp', as a hall of mirrors and as a therapy room promotes personal experience. Starting with the idea that every fixed reality, every insistence on the patently obvious, every belief in an irreversible fate contradicts the principle of life, life in these flats should be connected with ever-new, unusual experiences that encourage self-reflection. Round and angular rooms breach the completely conventional framework of the flats. There is no definition about where and how one should stay, including diverse possibilities to climb around on and in the architecture. Most notable however is the abundance of colours and shades that residents encounter outside and within the flats. Complementary contrasts can cause agitation, and so some rooms are held to a single colour.

„Umkehrbares-Schicksal"-Apartments, Mitaka (Japan)

Ein Haus als großer Abenteuerspielplatz, als „Dschungelcamp", als Spiegelkabinett, als Therapieraum, der die Selbsterfahrung fördert. Ausgehend von dem Gedanken, dass jedes Festgelegt-Sein, jedes Bestehen auf scheinbar Offensichtlichem, jeder Glaube an schicksalhafte Unumkehrbarkeit dem Prinzip des Lebens widerspricht, soll das Wohnen in diesen Häusern mit immer neuen, ungewöhnlichen Erlebnissen verbunden sein, die die Selbstreflexion anregen. Runde und schräge Räume durchbrechen das durchaus konventionelle konstruktive Gerüst der Apartments. Es gibt keine Festlegung, wo und wie man sich aufhalten sollte, einschließlich diverser Möglichkeiten, auf und in der Architektur herumzuklettern. Am auffälligsten ist allerdings die Fülle von Farben und Farbtönen, die den Bewohnern außen und innen an den Wohnungen begegnen. Komplementärkontraste machen sich stark, und so mancher Raum wird von nur einer Farbe eingenommen.

"转运"公寓，三鹰市（日本）

一所作为一个大型游乐场、一处丛林营、一个镜向厅、一间治疗室的房子促进了个人的体验。这个理念起始于每个不可更改的现实、每个显而易见的坚持、每一个在不可逆的命运与生活的原则相矛盾的信念里，在这所房屋里的生活应该是与每一个全新的、鼓励自我反思的不寻常的体验相连接的。圆形和有角的房间完全打破了传统的公寓构建方式。在这里没有一个人有应该待在哪里或者应该怎样待着的概念，包括可以在建筑内部或外部随意攀爬的多种可能性。然而最引人瞩目的是公寓内以及与外部民居相邻呈现的丰富色彩和浓淡变化。相互之间的对比能令人亢奋，所以一些房间保持着单一的色彩。

One can constantly learn more about oneself here, according to the architects – reverse one's fate at any time and experience greater vitality.

Hier kann man immer etwas Neues über sich herausfinden, meinen die Architekten, sein „Schicksal" jederzeit umkehren und größere Lebendigkeit erfahren.

在任何时候体验到较强的生命力，根据这个概念化的逆转命运的建筑，一个人在这里能不断更多地认识自己。

博尔斯 + 威尔逊

Luxor Theatre, Rotterdam

For the venerable stage, known far beyond Rotterdam, a new parcel was found in the up-and-coming former port facility area at the confluence of the New Meuse and Rhine rivers. A noteworthy number of new works by world-famous architects are already located in the area of the theatre, which attracts many visitors. One structure in this neighbourhood requires strong language. The Luxor shows an eclectic graduated building with façades structured differently on each side on a footprint that presents more than just four elevations. The partial similarity with a ship is intentional. The striking lettering used for the theatre's name and the conspicuous red of the façade draw the eye from a distance. The shade of red, a traditional identifying feature of the theatre, was brought here from its original location. The typography of the fluorescent letters is newly designed and is one of the animated façade details.

Luxor Theater Rotterdam

Für die traditionsreiche, weit über Rotterdam hinaus bekannte Bühne konnte im aufstrebenden ehemaligen Dockgelände, am Zusammenfluss von Maas und Rhein, ein neues Grundstück gefunden werden. Eine bemerkenswerte Zahl neuer Werke weltberühmter Architekten findet sich schon jetzt in der Nachbarschaft des Theaters, was viele Besucher anzieht. Ein Bauwerk in dieser Umgebung bedarf einer kraftvollen Sprache. Das Luxor zeigt einen vielseitig gestaffelten Baukörper mit stets unterschiedlich strukturierten Fassaden auf einem Grundriss, der mehr als nur vier Ansichten eröffnet. Die teilweise Ähnlichkeit mit einem Schiff ist beabsichtigt. Der markante Namensschriftzug des Theaters und das auffällige Rot der Fassade ziehen schon von weitem den Blick an. Der Rotton, ein traditionelles Erkennungsmerkmal des Theaters, wurde vom alten Standort mit hierher gebracht. Die Typografie der Leuchtschrift ist ein neuer Entwurf und eines der animierten Fassadendetails.

卢克索剧院，鹿特丹

这个令人肃然起敬的舞台，声名远扬鹿特丹，其新建的部分坐落在一个日新月异的前港口设施区域，位于新默兹河与莱茵河的交汇处。越来越多的世界知名建筑家的大作正出现在与剧院毗邻的区域，正吸引着无数访客前来观光。临近此处的建筑必须有独到的设计语言。卢克索以其不同的建筑外观设计诠释了折中主义的风格，呈现出超过四面的立视图视觉效果。类似船的部分是刻意而为。作为剧院名字的一连串字母，以及建筑外观令人瞩目的红色老远就吸引了人们的视线。深浅不一的红色作为剧院经典的识别系统特征在这里呈现出来。日光灯管组成的字母是新设计的，成为建筑外观栩栩如生的细节设计之一。

The red fibre cement boards seem in places like the planks of a round ship's hull.

Die roten Faserzementplatten wirken stellenweise wie die Planken eines runden Schiffskörpers.

带有红色肌理的水泥板看起来像圆形船身的护板。

Other elements are reminiscent of the industrial landscape of the docks.

Andere Elemente erinnern an die Industrielandschaft der Docks.

甲板上的其他元素就像工业化时代的怀旧风景。

The spiral-shaped ascending foyer opens time after time to spectacular views of the surroundings. The distinctive shade of red continues on the wood panelling inside.

Das spiralförmig aufsteigende Foyer öffnet sich immer wieder für spektakuläre Ausblicke auf die Umgebung. Der markante Rotton setzt sich innen mit der hölzernen Wandverkleidung fort.

螺旋状上升的休息厅不断地呈现出周围令人惊叹的景观。独有的红色调连续呈现在内部的木质墙板上。

Kaldewei Competence Centre, Ahlen (Germany)

The Competence Centre in Ahlen is a modern educational and exhibition centre and an international meeting place for architects and designers. At the same time, it is about the possibility of visualisation and the emotional experience of the Kaldewei brand. The company produces its own enamel. The integration of the enamel smelter was an essential part of the overall architectural concept and so one passes on the second floor from the permanent product display directly to the smelter. The enamel tapping is easily observable from the panorama platform above the ovens. Kaldewei sent an intuitive outwardly-directed signal with the façade of the new architecture: it is covered with enamelled steel plates in the company's colours.

Kaldewei Kompetenz Center, Ahlen (Deutschland)

Das Kompetenz Center in Ahlen ist ein modernes Schulungs- und Ausstellungszentrum und internationaler Treffpunkt für Architekten und Planer. Dabei geht es auch um die Möglichkeit der Visualisierung und des emotionalen Erlebens der Marke Kaldewei. Das Unternehmen stellt sein Email selbst her. Die Integration der Email-Schmelze war essenzieller Bestandteil des architektonischen Gesamtkonzepts, und so gelangt man im zweiten Obergeschoss von der permanenten Produktausstellung direkt zur Schmelze. Von einer über den Öfen gelegenen Panoramaplattform lässt sich der Email-Abstich gut beobachten. Mit der Fassade der neuen Architektur setzt Kaldewei ein unmittelbares, nach außen gerichtetes Signal: Sie ist mit emaillierten Stahlplatten in den Unternehmensfarben verkleidet.

卡尔德维竞赛中心，阿伦（德国）

在阿伦的这个竞赛中心是现代的教育和展示中心，也是一个国际建筑家和设计师会议的举办地。同时这里也是卡尔德维品牌和形象的一个情感体验和视觉表现。公司生产自己的搪瓷品。搪瓷冶炼厂的整合是整个建筑概念的一个重要部分，二楼从永久的产品展示区直接到冶炼厂的设计便是其中的一个途径。从烤炉上方的全景平台将浇注搪瓷的情形一览无余地展示出来。卡尔德维的新建筑的建筑外观用公司的专属色以搪瓷材质覆盖在建筑外观上，这无疑是向外界传输了企业形象的符号。

The wood panelling and the light boxes produce an elegant display ambiance that can be used flexibly, depending on the purpose of the event.

Die Holzverkleidung und die Lichtkästen schaffen ein elegantes Ausstellungsambiente, das flexibel genutzt werden kann – je nach Veranstaltungszweck.

模板和灯箱展示出优雅的氛围，可根据需要灵活使用。

Light shades of green were selected for the educational room.

Für den Schulungsraum wurden helle Grüntöne gewählt.

教育厅的房间选用了浅绿色。

The architects included the garden in their design. It will be transfigured with amphorae and fruit trees.

Auch den Garten haben die Architekten in ihren Entwurf integriert. Mit Amphoren und Obstbäumen soll er umgestaltet werden.

这个建筑在设计中也包括了花园，这里用双耳陶瓶和水果树来装饰。

布克哈特·舒米

Restaurant and Bar Werd in Zurich

A semi-transparent sunscreen uses specially-manufactured membrane fabric printed with an ultra-large plant motif on both sides. The strongly-coloured leaves are engaged in a dialogue with the restaurant's own green floor covering. The entrance to the restaurant is accentuated by the signage of the restaurant's name in letters and word fragments of varying sizes. The lush-green floor of the restaurant takes up the colour of the façade's fabric sunscreen and provides the base upon which the stairway, bar and furniture rest. Painted in glossy red, staircase and gallery become one single element that appears to hang suspended only by the round, green column. The buttresses that actually bear the gallery floor have been painted black. Retreating into the background, they provide a deliberate contrast to the fragility of the glass shell. The half-round bar, realized in natural moor oak, is the only element that has not been painted. The ochre façade is used as a screen for beamer projections in the bar space.

Bar-Restaurant Werd in Zürich

Ein semitransparenter Sonnenschutz in Form von textilen Membranen ist mit übergroßen Pflanzenmotiven bedruckt. Die satte Farbe der Blätter tritt mit der Umgebung und dem grünen Bodenbelag des Innenraums in einen Dialog. Eine Beschriftung mit Buchstaben und Wortfragmenten markiert den Eingang des Restaurants. Der saftig grüne Boden innen nimmt die Farbigkeit der Fassadenmembran auf und bildet die Unterlage, aus der Treppenaufgang, Bar und Möblierung „wachsen". Treppenaufgang und Galerie sind als ein Element glänzend rot gestrichen und werden scheinbar nur von der runden, grünen Säule gehalten. Die schwarz gestrichenen Pfeiler, die in Wirklichkeit die Galerie tragen, treten in den Hintergrund. Sie bilden in der Fragilität der Glashülle allerdings einen starken Kontrast. Die halbrunde Bar aus Mooreiche ist das einzige nicht farbig getönte Element. Zum Restaurant hin dient eine ockerfarbene Wand als Leinwand für dekorative Beamerprojektionen.

"嵌入"餐厅和酒吧，苏黎世

两边都是半透明的阳光板上使用了特殊的薄膜织物并在其上印刷了巨大的植物为基本图案。在这个主题里有着鲜明色彩的巨大叶片，被放大在覆盖着绿色地板的餐厅里。在餐厅入口处强调了以餐厅的名字命名的标识系统，其字号以大小不一的形式排列着。餐厅碧绿的地板采用的是跟建筑外观阳光板的织物统一的色调，奠定了酒吧、楼梯间、休息区家具的基调。楼梯间和美术馆被饰以发亮的红色涂层，成为独立的元素，由圆形、绿色的柱子支撑着，有种悬浮的感觉。支撑物实际上承接着美术馆的地面，地面被饰以黑色。将背景再加工的过程中，他们还提供了一个经过深思熟虑的设计，与玻璃外表形成对比。半圆的酒吧以天然的野橡木来装饰，是设计中唯一没被涂漆的场所。在酒吧的空间里有一个黄褐色的建筑外观作为一个卷轴投影仪的屏幕。

Zurich artist Heinz Unger realized the scenery set in cooperation with burkhalter sumi.

Das Kunst-am-Bau-Konzept erstellte der Zürcher Künstler Heinz Unger in Zusammenarbeit mit burkhalter sumi.

苏黎世艺术家亨氏昂格尔实现的这个方案是与布克哈特与舒米建筑师事务所合作而成的。

The tables with their green legs appear to be growing out of the green floor.

Die Tische mit ihren grünen Beinen scheinen aus dem Boden zu wachsen.

有着绿腿的桌子就像是从绿色地板上生长起来的。

At times the ground floor bar area is separated from the rest of the guest room with a softly falling drape.

Zeitweise wird im Ergeschoss der Barbereich vom übrigen Gastraum durch einen weich fallenden Vorhang abgetrennt.

有时地下酒吧的区域用柔软悬垂的帐幔与客人休息区分隔开来。

C+S ASSOCIATI 建筑师事务所

Kindergarten in Covolo Pederobba (Italy)

This location is not loud in itself, despite its bright colours. It initially offers the children who spend their days here security and the chance to let their hair down. The architects base the theme and structure of their building on the principle of the 'wall'. The kindergarten is like a courtyard surrounded by a perimeter wall. At some points there are small openings through which one can view the surroundings as if looking at a picture. To the southwest, towards the fields and vineyards, the enclosure is open further. All of the passageways and views through the wall and also in the interior rooms are colour-coded. Transitions are accentuated with a deep red. The flat one-storey building fits well on the plain that is only bordered by mountains in the distance. The concrete walls with their partially light-reflecting plasterwork are reminiscent of the surrounding granges.

Kindergarten in Covolo Pederobba (Italien)

Dieser Ort ist nicht von sich aus laut, trotz seiner bunten Farben. Er bietet den Kindern, die hier ihren Tag verbringen, zunächst Geborgenheit und damit die Möglichkeit, aus sich herauszugehen. Die Architekten gründen Thema und Struktur ihres Baus auf das Prinzip der „Mauer". Der Kindergarten wird wie ein Hof von einer Einfassungsmauer umgeben. An manchen Stellen gibt es kleinere Öffnungen, durch die man auf die Umgebung wie auf ein Bild schaut. Nach Südwesten, zu den Feldern und Weingärten hin, öffnet sich die Anlage weiter. Alle Durchgänge und Durchblicke in der Mauer und auch in den Innenräumen sind farbig gekennzeichnet. Übergänge werden durch ein tiefes Rot hervorgehoben. Der flache, eingeschossige Bau passt gut in die Ebene, die nur in der Ferne durch das Gebirge begrenzt wird. Die Betonmauern mit ihrem teils lichtreflektierenden Verputz erinnern an die Gehöfte der Umgebung.

科沃罗的幼儿园，佩德罗巴（意大利）

尽管有着明亮艳丽的色彩，这处地方本身并不引人注目。最初这里是为孩子们提供一处安全的地方以度过他们的时光，并让他们有放松成长的机会。这个建筑的结构和主题是基于“墙”的理念。幼儿园就像是一个被墙环绕的大院子，在某些地方设计了一些开敞的窗口，透过此可以看见周围的景色，如同镶嵌在墙上的一幅画。西南方朝向一片田野和葡萄园，视域更加宽广。可透过墙看到所有的通道和景观，室内的房间都由色彩标注。在深红的颜色中强调了多种变化。建筑物一楼的平台很好地展现了远山的轮廓。粗糙不平的水泥墙透过光的反射平添了四周农庄的怀旧风。

The children are given a feeling of familiarity through the similarity of the building's character with the area's typical architecture.

Durch die Ähnlichkeit des Gebäudecharakters mit der Bautradition der Umgebung wird den Kindern ein Gefühl der Vertrautheit gegeben.

这个建筑通过与该地区的建筑风格相似性的设计给孩子们带来熟悉的感觉。

The contact with the village is maintained through small openings.

Der Kontakt zum Dorf wird durch kleine Durchblicke gehalten.

通过一个开口与村庄相连。

The interior courtyard simultaneously conveys freedom and safety in a generous way.

Der Innenhof vermittelt auf großzügige Weise räumliche Freiheit und gleichzeitig Geborgenheit.

室内的院落在很大程度上传递出自由安宁的氛围。

The colourful doorframes in the central hallway encompass an entire colour palette.

Die bunten Türrahmen im zentralen Flur umfassen eine ganze Farbpalette.

中心门厅里的彩色门框如同环绕着一个完整的调色板。

Many views bind the two long sides of the building with one another.

Viele Durchblicke verbinden die beiden Langseiten des Gebäudes miteinander.

许多景观连接着建筑长长的两边。

CamenzindEvolution 建筑师事务所

Seewurfel Mixed-Use Development Zurich

Eight new apartment and office buildings are beautifully situated on a hillside, offering stunning views over Lake Zurich. The project is based on a concept of piazzas, created by carefully positioning the buildings. One specific quality of the project lies in the balance achieved between the common architectural language of the development and the individual identity given to its buildings. This concept is most clearly shown in the choice of materials for the façades. Low-key cladding panels of grey fibre cement are the integrating element applied on all eight cubes. Differentiation is provided by a new silicon-bonded timber-glass-panel cladding system especially developed by CamenzindEvolution. Three different types of wood veneer – all from certified forest management sources – were selected for their individual colour and wood grain: Makoré, Curupixa and Bamboo.

Wohn- und Geschäftshäuser Seewürfel, Zürich

Acht neue Wohn- und Geschäftshäuser liegen in wunderbarer Hanglage über dem Zürichsee. Das Projekt basiert auf dem Konzept der „Plätze", die sich durch geschicktes Anordnen der Kuben am Hang eröffnen. Eine Qualität des Projekts liegt in der Balance zwischen Einheitlichkeit und Variation in der Architektursprache. Diese Idee wird am deutlichsten bei der Wahl der Fassadenverkleidung. Zurückhaltend graue Zementfaserpaneele sind das verbindende Element der acht Würfelbauten. Eine farbige Palette eröffnet sich über ein von CamenzindEvolution speziell für dieses Projekt entwickeltes Produkt: Eine Glasfassade, die im Verbund mit Holzfurnieren hergestellt wird. Drei verschiedene Hölzer – alle aus kontrollierter Forstwirtschaft – wurden aufgrund ihrer herausragenden Farbigkeit und Zeichnung ausgewählt: rötlichbraunes Makoré, zurückhaltend gemasertes Curupixa und heller Bambus.

混合发展的西沃弗，苏黎世

八个新公寓和办公室的建筑群完美地坐落在山坡上，呈现出苏黎世湖怡人的美景。这个项目基于广场的概念通过审慎地定位并设计而成。该项目一个特别之处是探讨在通行的建筑语言及个性化的建筑语言之间所达成的平衡。这个概念也清晰地展示出建筑外观材料的选择，作为一个设计元素，灰色纤维的电镀版材质镶嵌于建筑的八个立方体中。其特别之处在于由瑞士设计公司卡门新德伊芙路欣开发的黏合硅与玻璃材质覆层的一种新材料。三种不同的木质护板全部来自经过认证的森林管理资源，皆是根据木质的色彩和纹理精选而成，它们分别是黑檀木、南美桃花心木、竹子。

Coloured wall surfaces with a high-gloss glass surface are found outside and inside.

Farbige Wandflächen mit einer hochglänzenden Glasoberfläche finden sich außen und innen.

内外均是以高亮的玻璃表层做成的彩色建筑外观。

The exterior spaces were transformed to a garden landscape with trees and ponds.

Die Außenräume wurden in eine Gartenlandschaft mit Bäumen und Wasserbecken verwandelt.

外面的空间变化成了一个有着树和池塘的花园。

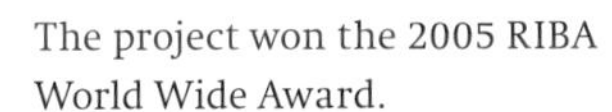

The project won the 2005 RIBA World Wide Award.

Das Projekt wurde mit dem RIBA World Wide Award 2005 ausgezeichnet.

这个项目赢得了2005年RIBA世界奖。

Google EMEA Engineering Hub, Zurich

Google's self-image is unconventional – as the concept and design of the new location in Zürich should also be. Creativity, a solution-oriented attitude and vitality are associated with this self-image, and an appropriate work environment promotes these qualities. The personnel requested open work spaces, areas in which teams work, and spaces in which people can meet informally and ultimately promote a sense of community. Colour-coding is the basis for differentiating between individual departments. One colour was paired with visual elements to create a theme, promoting associative thinking. Objects in the blue area refer to water and snow. The architects did not receive any kind of corporate design parameters. However, the international diversity of the company – 50 nations are represented in Zürich alone – was to be embodied in the décor.

Google EMEA Engineering Hub, Zürich

Googles Selbstverständnis ist unkonventionell – so sollten auch Konzept und Gestaltung der neuen Niederlassung in Zürich sein. Kreativität, Lösungsorientierung und Dynamik werden mit diesem Selbstverständnis in Verbindung gebracht, und ein entsprechendes Arbeitsumfeld fördert diese Eigenschaften. Die Mitarbeiter plädierten für gemeinschaftlich zu nutzenden Raum: Bereiche in denen man in Teams arbeitet, und solche, in denen man zwanglos zusammenkommt und damit letztlich wieder Gemeinschaftssinn fördert. Eine Farbkodierung ist die Grundlage zur Unterscheidung der einzelnen Abteilungen. Einer Farbe wurden dann bildliche Elemente zugeordnet und daraus ein Thema gestaltet, um somit assoziatives Denken zu fördern. Im blauen Bereich verweisen die Objekte auf Wasser und Schnee. Die Architekten erhielten keinerlei Corporate-Design-Vorgaben. Allerdings sollte die Internationalität des Unternehmens – in Zürich sind allein 50 Nationen vertreten – in den Ausstattungsthemen zum Ausdruck kommen.

GOOGLE EMEA工程中心，苏黎世

在苏黎世新址的设计和概念上，谷歌自身的形象是反传统的。谷歌将创造力、一个解决导向的态度作为自我形象的诠释，以一个恰如其分的工作环境促进了这些特质。人们要求开启一个可供团队工作的空间，在这里人们能进入正式的工作状态，并有最终能促进团队素质的感觉。在各部门之间配以色标以示区别。每种颜色都会配以相应的视觉元素，创造出一个主题引发相关的思考。蓝色区域的物体令人联想到水和雪。建筑本身并不显示任何有关企业形象设计的决定性因素，然而，跨越50个国家的公司形象其多样化通过装饰集中体现在苏黎世。

Whoever is in a hurry or wants to have fun can get to a lower floor by way of a fire-escape slide.

Wer es eilig hat oder Spaß haben möchte, kann über Feuerrutschen in ein tieferes Stockwerk wechseln.

在忙碌中的任何人或想要获得一些乐趣的人们能通过安全出口下滑至底层的出口。

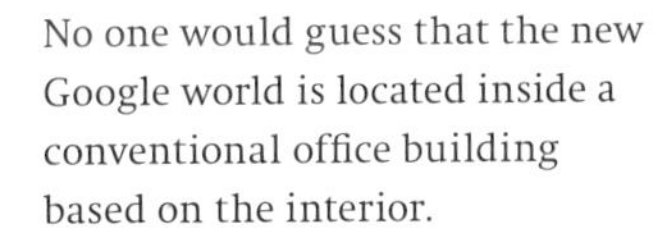

No one would guess that the new Google world is located inside a conventional office building based on the interior.

Dass sich die neue Google-Welt in einem konventionellen Bürohaus befindet, würde angesichts der Innenräume niemand vermuten.

没有人会猜到，新的谷歌世界是坐落在一个传统的办公大楼内部的。

Terrace
Please close door!

12 Kethor
Google

Many display objects, for example the original ski gondolas, relate to the area of leisure and sport.

Viele Ausstattungsobjekte, wie beispielsweise die originalen Skigondeln, verweisen in den Bereich von Freizeit und Sport.

许多展示物体，如原创的贡多拉雪橇，会将运动与休闲的区域联系起来。

戴维·齐普尔菲尔德

Rena Lange Headquarters, Munich

The new Rena Lange headquarters consolidates in one building the different functions of the international clothing design company, previously spread over several different locations in the city. The new headquarters, a compact cubic building with a black rendered façade, is surrounded by an undulating landscaped space. Offices, ateliers, the showroom, storage, and outlet facilities are distributed over three floors. The atelier character of the building is emphasised by the large sash windows. Light-coloured and simple materials - polished screed flooring, white walls and white wooden furniture - are used for the interior, creating a bright and open atmosphere. The decision for a completely black cladding is a radical understatement; the simple black and white contrast between exterior and interior appears elegant to "cool". An awareness of texture is visible in the matte finish of the façade.

Rena Lange Headquarters, München

Mit dem Neubau der Firmenzentrale im Norden Münchens vereint das Unternehmen Rena Lange erstmals alle Bereiche seines Modeimperiums unter einem Dach. Das neue Gebäude mit seinen reduzierten kubischen Formen und der schwarzen Putzfassade, liegt zwischen den sanften Hügeln einer gepflegten Außenanlage. Der langgestreckte Bau nimmt in drei Geschossen Büros, Ateliers, einen Showroom , das Lager und einen Outletbereich auf. Der Ateliercharakter des Gebäudes wird durch große Schiebefenster unterstrichen. Innen verarbeitete man helle, einfache Materialen, die eine zurückhaltend lebhafte Oberflächenstruktur zeigen: geschliffene Estrichböden, weiß gespachtelte Wände und weiße Holzmöbel. Die Entscheidung für eine komplett schwarze Gebäudehülle ist ein radikales Understatement; der schlichte Schwarz-Weiß-Kontrast zwischen Außen und Innen wirkt dabei elegant bis „cool". Ein Bewusstsein für Texturen zeigt sich in dem matten Finish der Fassade.

雷娜·郎格总部，慕尼黑

新的雷娜·郎格总部将国际面料设计公司的不同职能整合在一栋大楼里，之前是分散在城市的不同地方。新的总部，以一个黑色渲染的建筑外观组成了一个紧凑的立方体建筑，四周被蜿蜒起伏的美景环绕着。办公室、工作室、陈列室，以及设备销售点分布在这三层楼里。大楼里的工作室用宽大的、可上下拉动的窗户加以强调。室内设计饰以亮色调和简单的材质，抛光的砂浆地面，白色的墙和白色的木质家具，创造出一个明亮而开放的氛围。完全以黑色覆层的构思是彻底低调的做法；在室内室外之间呈现的单纯的黑白对比体现出优雅的“酷”。建筑外观收尾处以哑光的处理显示出设计师对材料的意识。

A generous, leafy interior courtyard is situated at second floor level.

Von der zweiten Etage aus kommt man auf einen großzügigen geschlossenen Hof mit üppiger Bepflanzung.

在二楼设计了一处宽大的，有很多绿植的庭院。

The façades of the interior courtyard are white, in contrast to the black exterior façades.

Die Innenhoffassaden sind weiß, im Gegensatz zu den schwarzen Außenfassaden.

室内庭院的墙壁是白色的，与黑色的室外墙壁形成鲜明的对比。

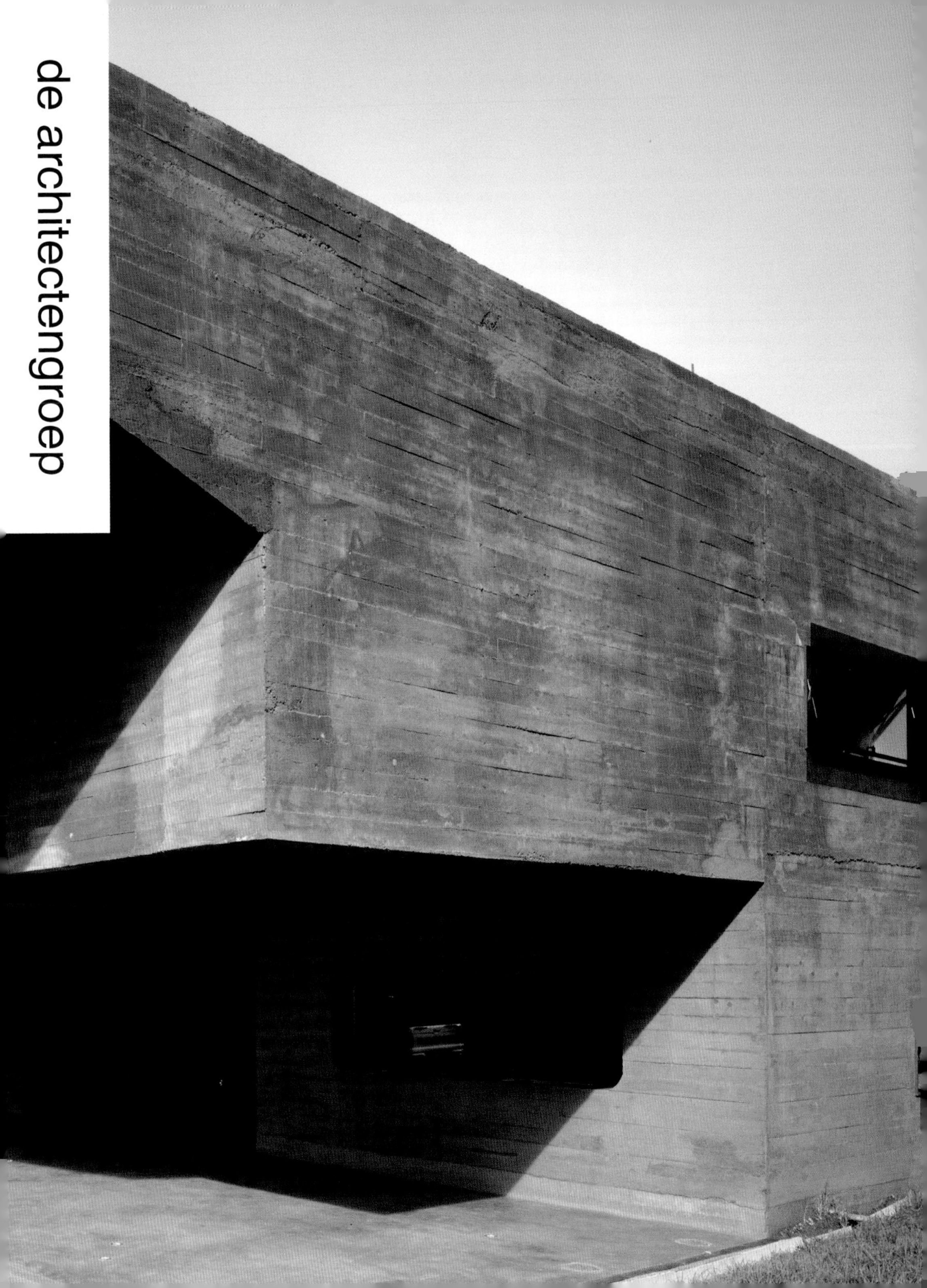
de architectengroep

Dutch Embassy in Addis Ababa

Dick van Gameren and Bjarne Mastenbroek designed this building during their time with firm "de architectengroep". The architecture speaks to the senses. Its compactness and the low-slung form give it weight and calm. One would like to touch its raw surface – its earth-red colour contrasts especially nicely with the green woods. In the hot climate of Ethiopia, its rooms promise cool and shade. As such, the building is comparable to the country's cave churches of the Middle Ages, which the architects did in fact use as inspiration. In the embassy park they poured an image of Ethiopia, each using red-pigmented in-situ concrete. Traces of the lining board blend with the casting moulds in individual forms. In some places, Coptic crosses are integrated into the surface. The roof relief was created in the style of a 'polder' landscape, although its depressions are only seldom filled with rainwater.

Niederländische Botschaft in Addis Abeba

Dick van Gameren und Bjarne Mastenbroek haben das Gebäude während ihrer Zeit bei de architectengroep entworfen. Die Architektur spricht die Sinne an. Ihre Massivität und die flach lagernde Form geben ihr Gewicht und Ruhe. Ihre rauhe Oberfläche möchte man berühren, ihr erdroter Farbton hebt sich besonders schön vor dem grünen Wald ab. Im heißen Klima Äthiopiens versprechen ihre Räume Kühle und Schatten. Darin ist der Bau den mittelalterlichen Höhlenkirchen des Landes vergleichbar, von denen sich die Architekten tatsächlich inspirieren ließen. Im Park der Botschaft haben sie eine Imagination von äthiopischer Erde mit rot pigmentiertem Ortbeton in Form gegossen. Die Spuren der Schalbretter passen zu den Einzelformen des Gusskörpers. An manchen Stellen sind koptische Kreuzsymbole in die Oberfläche integriert. Das Dachrelief wurde in Anlehnung an eine Polderlandschaft gestaltet. Doch nur selten füllen sich seine Vertiefungen mit Regenwasser.

亚的斯亚贝巴的荷兰使馆

迪克·范加姆伦和比亚内·马斯滕恩布罗克在他们的那个时代为建筑集团公司设计了这栋大楼。这栋建筑道出了如下感觉：它小巧紧凑，低悬挑，显现出结实而宁静的感觉。人们喜欢触摸它未经加工的表面，它的土地一般的红色与葱茏的绿木相映成景。在埃塞俄比亚炎热的季节，它的房间清凉舒爽。和这个国家中世纪的岩石教堂相比较，这个建筑实际上更强调精神的力量。在使馆公园的设计中他们注入了埃塞俄比亚的图形理念，每一部分都使用了红色现浇混凝土。在每个窗体中都可看见铸造模具与混合衬板的痕迹。有些地方科普特十字架被整合到表面，房顶的浅浮雕被创造成“堤围”的景致，尽管它的凹陷处会积攒很少的雨水。

AMBASSADE VAN HET KONINKRIJK DER NEDERLANDEN

The block is 14 m wide and 140 m long.

Der Gebäuderiegel ist 14 m breit und 140 m lang.

这个石块宽14米，长140米。

The distribution and shape of the window openings and patios appear accidental and emphasise the building's sculptural character.

Verteilung und Form der Fensteröffnungen und Patios erscheinen zufällig und unterstreichen noch den skulpturalen Charakter des Baus.

窗户开启的形状和分布以及天井呈现出偶然状态，强调了建筑的雕塑感。

The walls on the inside also remain unplastered. The red concrete floor was polished.

Auch innen blieben die Wände unverputzt. Der rote Betonfußboden wurde poliert.

室内的墙未抹灰泥，红色的混凝土地面被抛光了。

德夫纳·福伊特伦德建筑师事务所

dv Studio House, Dachau

The private residential home and office building is situated in the heart of the historic section of Dachau (Germany). An ancient Linden tree forms the focus of a newly composed inner city square. All living areas are directed towards the east – using the tree as an orientation point. A projection of the winter Linden tree unwinds itself around the building. Copy, reality, shadow and mirror image overlap, forming a collage. Within the collage the house and the tree visually merge. The image is printed onto a special kind of paper and is inlayed – like a tattoo – into the panels of translucent epoxy-glass resin.

dv Atelierhaus, Dachau

Das Wohn- und Bürohaus liegt im Kern der Altstadt von Dachau (Deutschland). Die uralte Linde auf dem Grundstück bildet den Mittelpunkt eines neu gefassten, innerstädtischen Platzes. Alle Aufenthaltsräume orientieren sich nach Osten zum Baum. Eine Projektion der winterlichen Linde legt sich als Abwicklung um das Haus herum. Abbild, Wirklichkeit, Schattenwurf und Spiegelbild überlagern sich zu einer Collage, in der Haus und Baum optisch miteinander verschmelzen. Das auf Spezialpapier gedruckte Motiv liegt zwischen den Paneelen aus transluzentem, glasfaserverstärktem Kunststoff. Es wirkt in dieser durch unterschiedlichen Lichteinfall schimmernden Gebäudehaut wie ein Tattoo.

DV工作室大楼

这个私人住宅和办公室建成的大楼，坐落在达豪（德国）古老城区的中心。一棵古老的菩提树在新建的内城区广场中占据了人们的视线。以这棵树作为一个方向标，所有生活区直接朝向东面。有一棵冬季的菩提树的投影环绕着建筑，拷贝的图案、真实的场景、影子和镜像就这样交叠着，形成了一副拼贴的图画。在这个拼贴的图画中，房子和树交互融合在一起。图像被印制在一种特殊的纸上并镶嵌起来，像一种图腾，被压进半透明的环氧树脂制品，类似玻璃的感觉。

The theme on the inside is aesthetics of the rawness of the building, which is reflected in the surfaces of fair-faced concrete and the cast plaster floor. It shows a kind of "controlled imperfection".

Innen vermittelt die Rohbauästhetik mit unbehandelten Sichtbetonflächen und Estrichböden „kontrollierte Imperfektion".

建筑内部强调的美学是未经加工的原生态，这一主题在防火板的混凝土表面和浇铸的石膏地板上得以体现。

Many functional details show an original design.

Viele zweckmäßige Details zeigen ein originelles Design.

它展现一种"可控的缺憾美"。

21

The red surfaces visible when the shutters are open are in strong, complementary contrast to the glass green shade of the façade.

Die roten Flächen, die bei geöffneten Fensterläden zum Vorschein kommen, stehen in kräftigem, komplementärem Kontrast zur glasgrünen Tönung der Fassade.

当遮挡板被打开可看见显眼的红色表面，与建筑外观的绿色玻璃的色调形成互补色的对比。

Deffner Voitländer
Wohnung

GATERMANN+SCHOSSIG 建筑师事务所

Capricorn Building, Düsseldorf (Germany)

The Capricorn Building constitutes a new entrance at the southern end of Düsseldorf harbour. Large, building-high glazed galleries create the framework for a customised office world in the compact block. The uniqueness of the concise new building with its red glass panels lies primarily in the i-module façade the architects developed. The need for efficient sound insulation as a result of the location led to the initial use of this multifunctional façade element. It is equipped with its own air-conditioning system for cooling, heating and heat recapture. Lighting and particularly noise absorption and acoustic elements are also integrated. The product received the Innovation Prize from *AIT* magazine and *xia intelligente Architektur.*

Capricorn-Gebäude, Düsseldorf (Deutschland)

Das Capricornhaus bildet ein neues Entrée am südlichen Ende des Düsseldorfer Hafens. Große, gebäudehoch verglaste Hallen schaffen in dem kompakten Gebäudeblock den Rahmen für eine individuelle Bürowelt. Die Besonderheit des prägnanten Neubaus mit seinen roten Glaspaneelen liegt vor allem in der von den Architekten entwickelten i-modulFassade. Die durch die Lage bedingte Notwendigkeit zu effizientem Schallschutz führte zur erstmaligen Anwendung dieses multifunktionalen Fassadenelements. Es ist ausgestattet mit einem eigenen Lüftungssystem zum Kühlen, Heizen und zur Wärmerückgewinnung. Beleuchtungs- und insbesondere Schallabsorptions- und Raumakustikelemente sind ebenfalls fertig integriert. Das Produkt erhielt den Innovationspreis der Zeitschriften AIT und xia intelligente Architektur.

摩羯宫大楼，杜塞尔多夫（德国）

这个摩羯宫大楼构成了杜塞尔多夫港口尽头的一个新入口。巨大的高层玻璃大楼以一个紧凑致密的整体创建了一个办公室的世界。以红色玻璃板镶嵌的简洁而独特的建筑主要来自于设计师们提出的 i-module 建筑外观技术的方案。由于对隔声效果的需要致使最初选用了多功能建筑外观元素的材料。它自身配备了空调系统来降温、升温以及保温。同时设计中也整合了对光线、噪声吸收和回声问题的方案。这个案例也获得了 AIT 杂志的创新奖以及 xia 智能建筑奖。

The façade is completely prefabricated as a modular façade and is the rational further development of an integral façade.

Die Fassade wird als Modulfassade komplett vorgefertigt und ist die konsequente Weiterentwicklung einer Integralfassade.

这个建筑外观用了模块化的预制建筑外观，成为进一步整合建筑外观设计发展的合理方案。

"Kontor 19" Officebuilding Rheinau Harbour, Cologne

The new building the architects completed at Rheinau Harbour in Cologne achieves its effect primarily from the exciting contrast between the opaque aluminium panels and the transparent glass surfaces of the façade. The unique thing about the aluminium elements produced in New Zealand is the embossed graphic structure made with a special etching and anodising process which gives the building a new appearance – from dark grey to gold – depending on the time of day, weather and the observer's point of view.

Kontor 19, Rheinauhafen, Köln

Seine Wirkung bezieht der im Rheinauhafen Köln von den Architekten fertiggestellte Neubau vor allem aus dem spannungsreichen Kontrast zwischen den geschlossenen Aluminiumpaneelen und den transparenten Glasflächen der Fassade. Das Besondere an den in Neuseeland hergestellten Aluminiumelementen ist die durch ein spezielles Ätz- und Eloxierverfahren eingeprägte grafische Struktur, die dem Gebäude je nach Tageszeit, Wetter und Blickwinkel des Betrachters ein neues Erscheinungsbild verleiht – von Dunkelgrau bis Gold.

"Kontor 19"办公大楼，莱瑙港口，科隆

新大楼的建筑师完成了科隆莱瑙港的设计，在不透明的铝板和透明的玻璃建筑外观之间实现了一个强烈对比。其中最独特的铝元件是在新西兰制造的，上面浮雕的图形是由蚀刻法和氧化的技术完成的，这使得建筑有了一个全新的外观，在一天中随着天气的变化和观察者的角度，会产生由暗灰色到金光闪烁的变化。

The windows have got daylight-directing, highly reflective retro blinds as sun protection.

Die Fenster haben innen zentral gesteuerte, tageslichtlenkende, hochreflektierende Retro-lamellen.

窗户直接对着日光的照射，复古的百叶窗可反射大部分阳光。

The simple structure is situated between the harbour master's office engine shed and historical Bayen Tower, whose battlements are reflected in the new façade.

Der schlichte Baukörper reiht sich zwischen dem Lokschuppen des Hafenamtes und dem histori-schen Bayenturm ein, dessen Zinnenkranz sich in der neuen Fassade spiegelt.

这个简洁的建筑坐落在港口管理办公室的机车库和古老的拜仁塔之间，在玻璃的建筑外观中可反射出古老的城垛映像。

赫尔佐格与德梅隆建筑师事务所

Laban Dance Centre, London

A delicate, pastel colour design in light pink, light turquoise and lime green gives the interior a friendly, light atmosphere. The façade carries the same colours – there, however, they are only dimly perceived from behind a veil of matte translucent polycarbonate. The media for the colour are bicolour aluminium panels. The changeable optics has repeatedly led to poetic descriptions of the building, such as "a rainbow made substantial". The artist Michael Craig-Martin developed the colour concept with the architects and in addition applied it to several murals inside. It elucidates a sort of walkway and orientation system through the building. In addition, it refers to the dance teacher Laban's many-faceted ideas and symbolises different dance disciplines. During the day the silhouettes of the dancers glisten through the building's skin; at night the structure shimmers like mother of pearl.

Laban-Tanzzentrum, London

Eine zartes, pastelliges Farbdesign in Rosa, hellem Türkis und Lindgrün verleiht den Innenräumen eine freundliche, leichte Atmosphäre. Die gleichen Farbtöne trägt auch die Außenfassade – sie sind dort jedoch hinter einem Schleier aus matt durchsichtigem Polykarbonat nur zu erahnen. Träger der Farbe sind Bicolor-Aluminiumpaneele. Die changierende Optik hat immer wieder zu poetischen Beschreibungen des Gebäudes, beispielsweise als „stofflich gewordener Regenbogen", geführt. Der Künstler Michael Craig-Martin hat zusammen mit den Architekten das Farbkonzept entwickelt und es zudem auf einigen Wandgemälden in den Innenräumen umgesetzt. Es verdeutlicht eine Art Wege- und Orientierungssystem durch das Gebäude. Zudem bezieht es sich auf die Vielfalt der Konzepte des Tanzlehrers Laban und symbolisiert unterschiedliche Tanzdisziplinen. Tagsüber scheinen die Silhouetten der Tänzer durch die Gebäudehaut; nachts schimmert das Haus wie Perlmutt.

拉班舞蹈中心，伦敦

在浅粉色中有一种微妙的、粉彩感觉的设计，加上浅绿的松石色和酸橙绿给这个室内设计增添一种亲和、轻快的氛围。建筑外观在这里采取了同一的颜色。然而这些色彩只是从亚光的、半透明的聚碳酸酯后面隐隐透出朦胧的色彩。这些彩色的介质是双色铝板。这些可变光不断地为建筑的美增加了诗意的注解，正如在建筑中"一道彩虹得到了实质性的体现"。艺术家迈克尔·克雷格－马丁用建筑发展了色彩的概念并应用于很多壁画的内饰。通过建筑的语言还诠释了人行道和方向指示系统的设计。此外，它参考了舞蹈教师拉班的许多实际的理念和多种不同的舞蹈学科的象征。在白天透过建筑的外观闪现着舞者们曼妙的剪影；入夜时分这个建筑就像珍珠贝一般微微闪耀着光泽。

The dance centre is not open to the public. However, one can take tours to become acquainted with the artistically valuable building.

Das Tanzzentrum ist nicht öffentlich zugänglich. Man kann jedoch an Führungen teilnehmen, um das künstlerisch hochwertige Gebäude kennenzulernen.

舞蹈中心并不对外开放的，然而，人们可以通过参观而了解这个具有艺术气质的珍贵的建筑。

Küppersmühle Museum, Duisburg (Germany)

The conversion of the former mill in Duisburg Harbour into the new home of the Grote art collection progressed cautiously and left the 100-year-old building for the most part in its original form. However, a stairwell was added as a new separate structure and in its structural character it seems like a work of art itself. The stair tower is so monumental it is almost reminiscent of a church interior. The spiral staircase twists upwards in an asymmetrical oval. The walls and staircase, both massively thick, are made of in-situ concrete. The impression of the spiral staircase's complex timber framework was left intentionally. The entire interior is stained the same reddish terracotta shade on the walls integrated into a loam rendering finish. The uniform colour reinforces the impression of a space hewn from a massive block.

Museum Küppersmühle, Duisburg (Deutschland)

Die Verwandlung der ehemaligen Mühle im Duisburger Hafen in das neue Zuhause der Kunstsammlung Grote vollzog sich behutsam und beließ das 100 Jahre alte Gebäude im Wesentlichen in seiner ursprünglichen Form. Hinzu kam allerdings ein Treppenhaus, das als abgegrenzter neuer Baukörper und in seinem skulpturalen Charakter selbst wie ein Kunstwerk wirkt. Der Treppenturm ist so monumental, dass er fast an einen Kircheninnenraum erinnert. In einem asymmetrischen Oval schraubt sich die Wendeltreppe nach oben. Wände und Aufgang, beide in massiver Wandstärke, bestehen aus Ortbeton. Der Abdruck der komplizierten Holzschalung der Treppenschnecke blieb absichtlich erhalten. Der gesamte Innenraum ist im gleichen rötlichen Terrakottaton eingefärbt, an den Wänden eingebunden in ein Lehmputzfinish. Die einheitliche Farbe verstärkt den Eindruck eines aus einem massiven Block ausgehöhlten Raums.

Kuppersm ü hle博物馆，杜伊斯堡，德国

位于杜伊斯堡的这个项目前身是由磨坊改建而成，名为格罗特的艺术收藏中心，改建中大部分被审慎地保留了这个百年建筑最初的形式。然而，楼梯间新增加了一个隔离的结构。这个结构本身更像是一个艺术作品。这个楼梯间充满了象征意义，令人不禁想起教堂的室内设计，螺旋的楼梯向上蜿蜒回转像一只不对称的卵形，楼梯均是由又厚又巨大的清水混凝土浇筑而成。旋转的楼梯间的木质扶手是刻意而为的。整个内部是用红色赤陶的颜色着色，将建筑外观用土整合而成。均匀的色彩强调了将巨大的整块空间劈削而成的印象。

The light from the narrow window vaguely illuminates the space. A few sconce light fixtures glow dimly from wall niches.

Das Licht aus dem Fensterschlitz erleuchtet den Raum nur vage. Einige Leuchtobjekte schimmern matt in Wandnischen.

光线透过狭窄的窗户发出微弱的反光。一束细如烛台的缝隙将光线固定在建筑外表，如壁龛一般透出朦胧的光晕。

约翰·海杜克

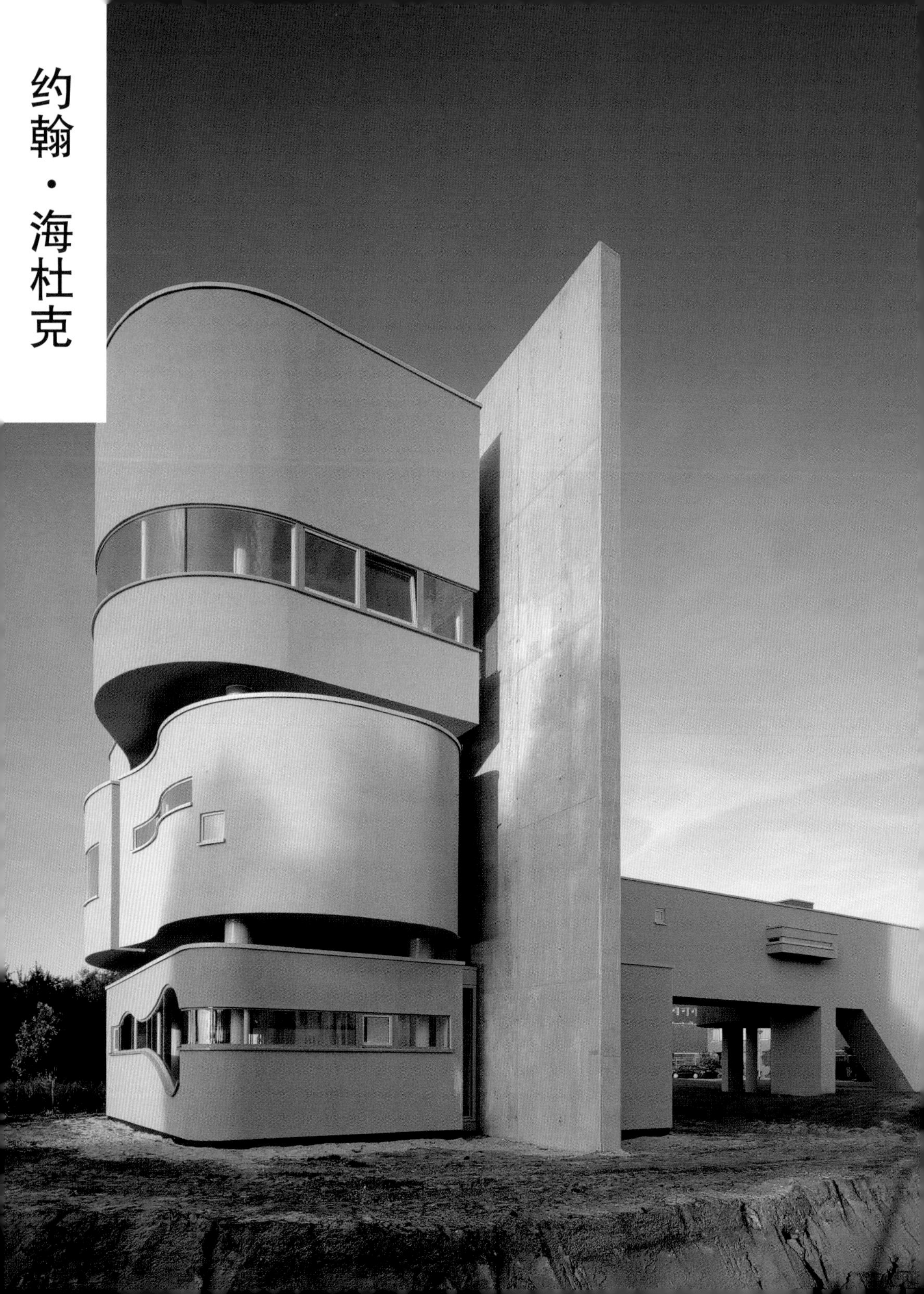

The Wall House #2, Groningen (The Netherlands)

The idea behind this house is an architectural statement and its use by residents would have been a challenge had an art endowment not moved in after completion so the living experiment could not take place. The goal of the formal and colour-coded arrangement of the building elements was to very clearly delineate the individual areas from one another. An 18 m high and 14 m long wall is the point-of-origin anchor for all of the rooms. It is a simple symbol for architecture and in this case separates the undulating living rooms on one side from the utility rooms on the other, each built from basic geometric shapes. It is the architect's only residential development. He began the plans in the 1970s when he was working with Cubist art. Cubism's principle of the segmentation and warping of forms is similar to Hejduk's technique of reverse-drawing the building.

The Wall House #2, Groningen (Niederlande)

Die Idee zu diesem Wohnhaus ist ein architektonisches Statement, und die Nutzung wäre für die Bewohner eine Herausforderung – allerdings hielt hier nach der Fertigstellung eine Kunststiftung Einzug, und so konnte das Wohnexperiment nicht stattfinden. Ziel der formalen und farblichen Anordnung der Gebäudeelemente war es, die einzelnen Bereiche ganz deutlich voneinander abzuheben. Eine 18 m hohe und 14 m lange Mauer bildet den Ausgangspunkt und die Verankerung aller Räume. Sie ist ein einfaches Symbol für Architektur und trennt in diesem Fall die wellenförmigen Wohnräume auf der einen von den Zweckräumen auf der anderen Seite, die jeweils aus geometrischen Grundformen aufgebaut sind. Es ist der einzige Wohnhausbau des Architekten. Er hatte mit den Entwürfen in den 1970er-Jahren begonnen, als er sich mit der Kunst des Kubismus beschäftigte. Dessen Prinzip der Zerlegung und Auffaltung von Formen ähnelt Hejduks Verfahren, das Gebäude nach außen zu stülpen.

沃尔大楼2号，格罗宁根（荷兰）

这个大楼背后的理念是一个建筑的说明，居民们对它的使用将会是一个挑战，大楼完成后艺术基金将不再启动，而进一步的生活实验可能不会成行。正规的目标和建筑元素的色彩编码清晰地区别出不同的区域。一个 18 米高、14 米长的墙是所有房间的锚固点。这形成了一个简单的建筑符号，在这个案例中，波状的起居室房间从另外的实用性房间中分离开来，使之处于建筑的一侧，每一个形体都来自于一个基本几何体。它是建筑师唯一的适用于住宅功能的开发。他的这个计划始于在 20 世纪 70 年代，那时他还是一个立体派艺术家。立体主义中扭曲和分割的规律与建筑中的海杜克反拉伸技术相类似。

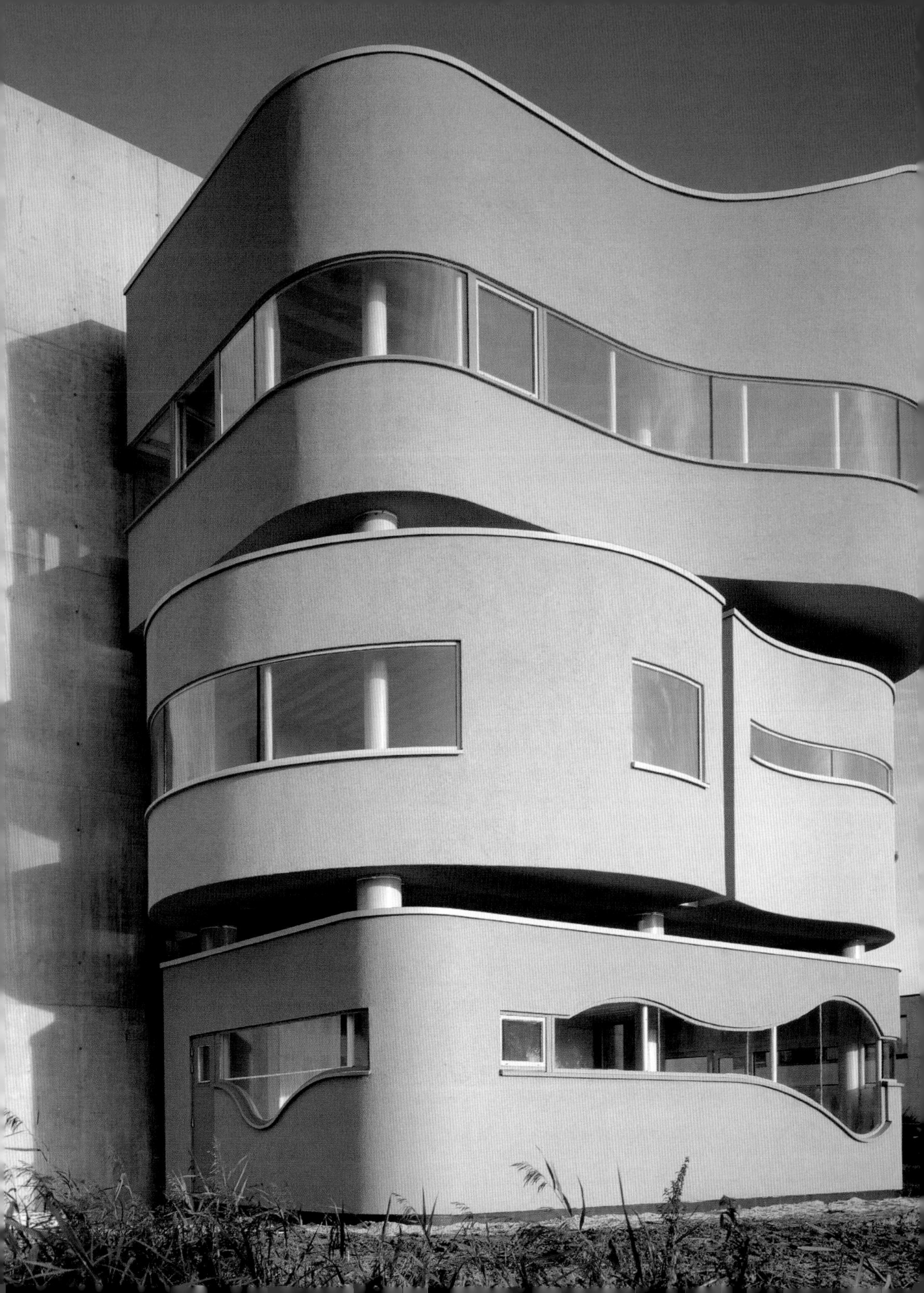

One does not need to first enter the building; rather, one understands its spatial structure at one go.

Dieses Gebäude ist so angelegt, dass man seine Raumstruktur schon von außen auf Anhieb erfasst.

人们并不需要首先身临其境进入到建筑中，相反，若是了解它的螺旋形结构便能一望而知。

Between the individual elements there is even free space; between the wall and the 'room', and also between the individual 'floors'.

Zwischen den einzelnen Elementen ist sogar freier Raum; zwischen der Mauerwand und den „Zimmern" und auch zwischen den einzelnen „Etagen".

在每一个独立的元素之间，在墙与房间之间，甚至在每一个楼层之间，每一个单元中都有着一个均衡自由的空间。

The red room at the end of the long catwalk was envisioned as a workroom. Its form is similar to the living rooms, yet it is visibly set apart.

Der rote Raum am Ende des langen Stegs war als Arbeitsraum vorgesehen. Seine Form ähnelt den Wohnräumen, jedoch ist er deutlich auf Distanz gesetzt.

在狭长的过道尽头，红色房间可以作为一个工作间使用。其形式与起居室相类似，但仍旧被明显地分隔出来的。

史蒂文·霍尔

University of Iowa Department of Art and Art History (USA)

Steven Holl represents the intersection of his profession with the visual arts through two elements: colour and surface. He decided on a single colour, choosing the one with perhaps the greatest intensity, i.e., red. But perhaps his choice of materials was the starting point. Iron, or rather steel, which is often worked two-dimensionally in modern sculpture, makes a powerful impression both in conjunction with reddish/brown lead-oxide red and also in the rust red of a corrosive state. Colour and surface are the binding elements of an otherwise highly multifaceted complex of buildings. Holl continues this principle inside. Only the glazed surface makes a closed space of the steel structure, whereby the relative immateriality of glass in contrast to the materiality of iron recedes.

Fakultät für Kunst und Kunstgeschichte der Universität Iowa (USA)

Die Schnittmenge seines Metiers mit der bildenden Kunst stellt Steven Holl an diesem Gebäude mit zwei Elementen dar: mit dem Element der Farbe und mit dem der Fläche. Er entscheidet sich für nur eine Farbe, wählt allerdings diejenige mit der wohl stärksten Intensität, nämlich Rot. Vielleicht war aber auch seine Materialwahl der Ausgangspunkt. Eisen bzw. Stahl, die in der modernen Skulptur oft flächig verarbeitet werden, entfalten sowohl im Zusammenhang mit rotbräunlicher Mennige als auch im Rostrot des korrodierten Zustandes eine kraftvolle Wirkung. Farbe und Fläche sind die verbindenden Elemente eines ansonsten höchst vielfältig gestalteten Gebäudekomplexes. In den Innenräumen setzt Holl dieses Prinzip fort. Nur die verglasten Flächen machen aus dem Stahlgebilde ein geschlossenes Volumen, wobei die verhältnismäßige Immaterialität von Glas sich gegenüber der Stofflichkeit des Eisens zurücknimmt.

艾奥瓦大学艺术与艺术史系（美国）

史蒂文·霍尔通过两个元素：色彩与表面的手法以视觉艺术形式体现其专业的交集。他决定要用一个单色，选用最强烈的一种，如红色。但是也许他对于材料的选择只是一个起点。铁，而不是钢，经常应用于二维的现代雕塑，往往能产生强烈的效果，这种材质将淡红、褐色的氧化铅红统一起来，也会将腐蚀状态中的铁锈红体现出来。色彩和表面是建筑多种复合方式中另外两种连接要素。霍尔继续在室内设计中应用这两个要素，只有在钢结构的空间中以玻璃面制造出一个封闭的空间，即相对于玻璃的通透性会与铁的物质性产生虚实对比。

Irregular contours run into one another. Edges run slantwise and protrude, seeming like leftovers.

Unregelmäßige Umrissformen stoßen aneinander, Kanten verlaufen schräg, stehen über und wirken wie Reststücke.

不规则的轮廓交错起伏。边缘倾斜向前伸出，就像一块残片。

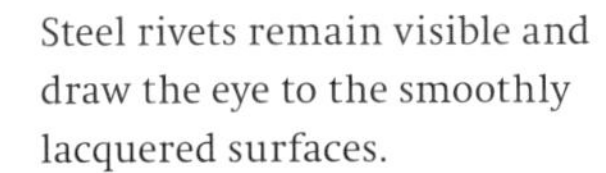

Steel rivets remain visible and draw the eye to the smoothly lacquered surfaces.

Stahlnieten bleiben sichtbar und lenken den Blick auf die lackierten glatten Oberflächen.

在涂漆的、光滑的表面钢铆钉显而易见并捉住了人们的视线。

Only on second glance does one notice different shades of red, changing between the rusty corten-steel surfaces on the one hand and the lacquered metal surfaces on the other.

Erst auf den zweiten Blick bemerkt man unterschiedliche Rottöne, changierend zwischen den rostigen Corten-Stahlflächen auf der einen und den lackierten Metallflächen auf der anderen Seite.

只要稍加留意就会发现在耐蚀钢表层的铁锈色与在上了漆的金属之间的颜色变化，其中呈现出红色不同层次的色彩变化。

克里辛建筑师事务所

Freiherr vom Stein School, Münster (Germany)

Buildings and outside facilities flow together as a unified whole. The plan development is based on the idea of school as a place to cultivate sensual experiences. A broad periphery surrounding the school is divided into areas for different single uses (teaching garden, mixed fruit orchard, sports facilities and car parks up to the public green spaces) that conform to the rhythm of the whole. The colouring in the main green colour runs in a wave motion and with different shades through the parts of the building. It flows in from and back out to nature. Interior and exterior melt into each other. A new understanding of school emerges – it is not about education in a limited domain, but rather about fundamental cultural growth.

Freiherr-vom-Stein-Schule, Münster (Deutschland)

Gebäude und Außenanlagen fließen zu einem Gesamtbild zusammen. Die Planentwicklung basiert auf der Vorstellung von Schule als einem sinnlich erfahrbaren Bildungsgarten. Ein breites Umfeld der Schule ist in differenzierte Felder für verschiedene Einzelnutzungen untergliedert (Lehrgarten, Obstwiese, Sportanlagen, Stellplätze bis hin zu den öffentlichen Grünanlagen), die sich dem Rhythmus des Ganzen unterwerfen. Die Farbgebung in der Konzentrationsfarbe Grün verläuft in Wellenbewegungen und mit verschiedenen tonalen Abstufungen durch die Gebäudeteile. Sie fließt ein aus der Natur und in sie zurück. Innen und außen verschmelzen miteinander. Es entsteht ein neues Verständnis von Schule – es geht nicht um Bildung, die kein ausgegrenzter Bereich ist, als abgegrenzter Bereich, sondern um elementares kulturelles Wachsen.

福莱尔冯斯坦因学校，明斯特（德国）

建筑群和室外的设施浑然一体。这个方案的实施基于这样的理念：学校是培育精神体验的场所。宽广的边界线环绕着学校，学校被划分成许多具有独立功能的区域（教学园、混植的果园、运动区域和在公共绿地的停车场），这些都与整体风格的节奏相一致。在绿色成就的主调中，透过建筑其他部分深浅起伏的绿为整体的色调增加了动感。这绿色由内向外延伸，引导人们回归自然。室内室外彼此交融贯通，一个对于学校的新的定义浮现出来了——不是仅限于教育这个有限范畴的，而更多立足于文化发展的基础。

This school is green – in fact, consistently green.

Diese Schule ist grün – und zwar konsequent grün.

这所学校给人的印象是绿色。实际上是无尽的绿色。

The unmistakable exterior represents a special concept of school translated into architecture.

Das unverwechselbare Äußere steht für ein besonderes, in Architektur umgesetztes Schulkonzept.

这个设计就是将学校专门的理念准确无误地转化进了建筑的语言中。

THERE ARE MORE
[SHAKESPEARE]
08.05.1945
LES GRANDES PENSÉES VIENNENT
[BUSCH]
DER MENSCH IST ZUR FREIHEIT
UND DAS WORT WAR GOTT.
[TWAIN]
NIEMAND
MACHT ABER VIEL ARBEIT.
HANDLE SO, DASS DIE
[KANT]
THERE IS NO SIN EXCEPT STUPIDITY.
[BEETHOVEN]
[CAESAR]

麦卡奴

St. Mary of the Angels Cemetery Chapel, Rotterdam

Blue is the colour of Mary, the colour of heaven and of transcendence. At least, this was its clear symbolic meaning in Christian art from the Middle Ages to the 19th century. Mary wears a blue cloak, under which she gathers those seeking protection, whose souls rise to heaven. A room completely covered in intense blue, like the chapel, commands an unusual atmosphere, even without this connotation. The blue walls encircle the room like a wave-shaped ribbon. They touch neither the floor nor the ceiling. Rather they appear to float between two strips of light – the glass strips at the base and the roof edge. The roof, or rather the entire underside of the wave roof, is gold-coloured. This is also a decidedly symbolic colour choice. Gold was an allusion to heaven and the divine before it was replaced by the colour blue in Western art.

Friedhofskapelle „Maria der Engelen", Rotterdam

Blau ist die Marienfarbe, die Farbe des Himmels und der Transzendenz. So ist sie zumindest in der christlichen Kunst vom Mittelalter bis in das 19. Jahrhundert eindeutig symbolisch zugeordnet. Maria trägt einen blauen Mantel, unter dem sie die Schutzsuchenden versammelt; deren Seelen steigen in den Himmel auf. Ein ganz in intensives Blau gekleideter Raum, wie die Kapelle, verfügt aber auch unabhängig von dieser Konnotation über eine außergewöhnliche Atmosphäre. Die blauen Wände umgeben den Raum als wellenförmiges Band. Sie berühren weder den Boden noch das Dach. Vielmehr scheinen sie zwischen zwei Lichtlinien – den Glasstreifen am Sockel und der Deckenkante – zu schweben. Die Decke, bzw. die gesamte Unterseite des Wellendachs, ist goldfarben. Auch dies eine dezidiert symbolische Farbwahl. Gold war ein Hinweis auf den Himmel und das Göttliche, bevor es in der westlichen Kunst durch die Farbe Blau ersetzt wurde.

天使圣玛丽亚公墓教堂，鹿特丹

蓝色是玛丽教堂的主色调，这是天堂和超越凡俗的色彩。至少从中世纪到19世纪以来在基督教的艺术中这就是纯洁的象征。圣母玛利亚穿上了蓝色的外罩，外罩下积聚着那些寻求庇护的灵魂升至天堂。一个房间被完全覆盖上淳厚的蓝色，像这个教堂即便没有内涵也要求一个不寻常的氛围。这块蓝色的墙环绕着整个房间像一个起伏的飘带。它们并没有接触到天棚和地板，而是悬浮在空中，依靠两列柱子——镶嵌上玻璃的柱子由底部升到屋顶的边缘。波浪状房顶的底边被涂刷上金色，这毫无疑问的也是一种符号化的象征。金色是天堂和神性的一种映射，而这之前在西方艺术中这是由蓝色来表现的。

The stone foundation wall of an older chapel is the platform for the new building and an allusion to the precursor buildings of the modern consecrated room.

Die steinernen Grundmauern einer älteren Kapelle bilden das Podest für das neue Bauwerk und sind ein Hinweis auf die Vorgängerbauten des modernen Einsegnungsraums.

一个老教堂的石基墙是这个新建筑的平台，是对现代代表神性空间的建筑形式的一种初探。

The organic, flowing footprint represents the transition from one world to the next.

Der organische, fließende Grundriss steht für den Übergang von der einen in die andere Welt.

有机的、流动的空间表现了从一个世界到另一个世界的转换。

The blue walls carry texts from the funeral liturgy.

Die blauen Wände tragen Texte aus der Begräbnisliturgie.

蓝色的墙是从葬礼的仪式传递出的语言。

Toneelschuur, Haarlem (Netherlands)

The Toneelschuur ("Barn Theatre") has been the most profiled performing arts building in Haarlem for decades. The theatre asked cartoonist and designer Joost Swarte to design its new home. Swarte's drawing, which is completely consistent with the style and colour palette of his comics, became the new Toneelschuur logo. Mecanoo architecten undertook the conversion to a structural form. Swarte's plan integrated the new structure harmoniously into the surroundings – the fragmented and busy Haarlem old town's great variety of shapes. He emphasises the building's multifunctionality with its two stages, two cinemas, a bistro and a bar through the use of clearly differentiated building parts. The different materials and colours are strong indicators of the differentiation. The theatre's façades in a verdigris scale pattern and in pale lilac plaster frame the glazed foyer.

Toneelschuur, Haarlem (Niederlande)

Die Toneelschur („Bühnenscheune") ist das profilierteste Haus der darstellenden Künste in Haarlem. Man hatte den Cartoonisten und Designer Joost Swarte um einen Vorschlag für einen neuen Theaterbau gebeten. Swartes Entwurfszeichnung, die ganz dem Stil und der Farbpalette seiner Comics entspricht, wurde zum neuen Logo der Toneelschuur. Mecanoo architecten übernahmen die bauliche Umsetzung. Mit dem Entwurf integriert Swarte den Neubau stimmig in das Umfeld – die Haarlemer Altstadt mit ihrer Kleinteiligkeit und Formenvielfalt. Die Multifunktionalität des Hauses mit seinen zwei Theatern, zwei Kinos, einem Bistro und einer Bar betont er durch deutlich voneinander unterschiedene Gebäudeteile. Die Differenzierung wird stark von den unterschiedlichen verarbeiteten Materialien und Farben getragen. Das kupfergrüne Schuppenmuster der Theaterfassade und die hellllila verputzten Kinosäle rahmen das verglaste Foyer.

托雷易舒尔剧院，哈勒姆（荷兰）

托雷易舒尔剧院在10年间成为最异形的艺术建筑形式。剧院要求漫画家兼设计师约斯特·斯沃特为它设计新的建筑。斯沃特的草图完全是比照他绘制漫画的调色盘来完成的，成为托雷易舒尔的新标志。荷兰代尔夫特Mecanoo建筑事务所承接了这一转变建筑形式的任务。四周是哈勒姆古老而繁忙的小镇以及分散各异的建筑外形，斯沃特的计划是将这一新的建筑整合进周围的环境中，并与之协调一致，他清晰地设计出建筑各部分，包括两个舞台、两个电影院和一个餐厅及酒吧，以强调建筑的多功能性。不同的材料和色彩成为不同功能显著的区别。剧院的外墙是在铜绿的图案以及紫丁香的灰泥框架上构造出光滑釉面的前厅。

Brick, wood, concrete, zinc and copper were used together in the exterior area; additional materials and shades of colour are used inside.

Im Außenbereich wurden außerdem Ziegel, Holz, Beton, Zink und Kupfer kombiniert; innen kommen weitere Materialien und Farbtöne hinzu.

砖头、木头、混凝土、锌板和铜材一起应用于建筑的外观，附加的材料和色调在室内得以应用。

The foyer's courtyard setting offers intimacy. The glass façade simultaneously creates contact with the space in front of the theatre.

Durch seine Hofsituation bietet das Foyer Intimität. Die Glasfassade schafft gleichzeitig den Kontakt zum Raum vor dem Theater.

门厅院落的设计增添了亲和力。玻璃建筑外观同时与剧院前的空间创造出一个对比。

Swarte also works as an illustrator for an Italian architecture magazine. He designs furniture, glass windows and murals.

Swarte arbeitet auch als Zeichner für ein italienisches Architekturmagazin. Er entwirft Möbel, Glasfenster und Wandmalereien.

斯沃特也作为一个插画家为意大利建筑杂志工作，他设计了家具、玻璃窗和壁画。

Da Vinci College, Dordrecht (Netherlands)

Da Vinci College is part of the Dordrecht Lernpark (Learning Park) and encompasses a vocational school's nine fields of study. Every field has its own classroom buildings, whose form and building materials are very different from those of other fields. The campus also has a striking entrance building, whose colourful striped pattern is the school's trademark. The structure's powerful cylinders are reminiscent of the shapes of old city gates, and as with them, one can enter between supports on either side. The portal's three circular structures are encased in a glass shell that glows due to the integration of coloured film in red, pink, yellow, orange and white.

Da Vinci College, Dordrecht (Niederlande)

Das Da Vinci College ist Teil des Lernparks Dordrecht und umfasst neun Fachrichtungen einer Gewerbeschule. Jedes Fach hat ein eigenes Unterrichtsgebäude, dessen Form und Baumaterial sich stark von dem der anderen unterscheiden. Der Campus verfügt zusätzlich über ein auffälliges Entréegebäude, dessen buntes Streifenmuster das Markenzeichen der Schule ist. Die wuchtigen Zylinder des Baukörpers erinnern an die Formen alter Stadttore, und wie bei diesen kann man zwischen seitlichen Stützen hindurchgehen. Die drei kreisförmigen Bauvolumen des Portals werden von einer Glashülle umschlossen, die durch die Integration farbiger Folien in Rot, Rosa, Gelb, Orange und Weiß leuchtet.

达·芬奇学院，多德雷赫特（荷兰）

达·芬奇学院是勒恩宁公园的一部分，环绕着职业学校的九个研究领域。每个领域都有属于自己的建筑教学空间，这些区域的建筑无论从形式上还是从建筑材料上来说都不一样。校园也有一个引人注目的、迷人的建筑，它的彩色条纹图案成为这个学校的专属标志。这个建筑强有力的圆柱形令人回想起老城门的形状，就像在两个支撑的圆柱之间能进去的感觉。入口的三个圆形结构被装进一个玻璃外壳中，玻璃外壳由于被覆盖上红色、粉红、黄色、橘黄以及白色的薄膜发出温暖的光辉。

Several different businesses are on the campus, in which students can gain practical work experience.

Auf dem Campus befinden sich verschiedene Unternehmen, in denen die Studenten praktische Berufserfahrung sammeln können.

几个不同的商业点分布在校园中，在这里学生们能获得实际的工作经验。

The buildings of the individual fields of study with their façades of corten steel, brick, zinc and aluminium create a strong contrast to the entrance building.

Die Häuser der einzelnen Fachrichtungen bilden mit ihren Fassaden aus Corten-Stahl, Ziegeln, Zink und Aluminium einen starken Kontrast zum Entréehaus.

各研究区域的建筑外观的材料各异，如科尔坦耐大气腐蚀高强度钢、砖、锌版和铝合金，与入口建筑形成强烈对比。

A scintillating atmosphere arises through the warm colours in the portico building.

Im Portikusgebäude entsteht durch die warmen Farben eine funkelnde Atmosphäre.

透过这个充满诗意的建筑中温暖的色彩，营造出一种妙趣横生的氛围。

M.1.16

The interior design continues the colour palette of the glass façade.

Das Interior-Design nimmt die Farbgebung der gestreiften Glasfassade wieder auf.

室内设计沿用了玻璃建筑外观的色调。

伊曼纽尔·摩洛克斯建筑+设计

ABC Cooking Studio (Japan)

ABC Cooking Studios are among the most popular cooking studios among young women. They are located in every major city in Japan. Bold, attractive colours were selected and used for the interior and combined in a modern, cheerful look. They are the most important brand-recognition item for the new ABC Cooking Studio image. The cooking tables and work surfaces were custom-designed. They are intentionally spaced randomly in the room to emphasize the casual atmosphere. There is a wide variety of colours and it is common to pick a 'matching' table when serving the final dish. Plywood shelves take up one of the long sides. Their cube-shaped cubbies are made of white melamine and urethane paint. The vinyl flooring has a matte wax finish. Emmanuelle Moureaux has been designing all the ABC Cooking Studios since 2004 and the 'abc kids' studios for four- to 11-year-olds since 2005.

ABC-Kochstudio (Japan)

Die ABC Studios gehören in Japan bei jungen Frauen zu den beliebtesten Kochschulen. Es gibt sie in jeder größeren japanischen Stadt. Knallige, attraktive Farben wurden für die Interieurs ausgesucht und zu einem modernen, fröhlichen Look kombiniert. Sie sind das wichtigste Wiedererkennungsmoment des neuen ABC-Cooking-Studio-Images. Die Tische und Arbeitsplatten wurden speziell entworfen. In den Studios wurden sie wie zufällig im Raum verteilt, um eine zwanglose Atmosphäre zu unterstützen. Es gibt eine breite Farbpalette, und es ist durchaus üblich, dass man sich für das Abschlussmenü die „passende" Tischfarbe aussucht. Eine lange Regalwand aus Holzfaserplatten nimmt eine der Längsseiten ein. Ihre würfelförmigen Fächer tragen eine weiße Melaminbeschichtung. Der Fußboden hat ein mattglänzendes Wachsfinish. Seit 2004 ist Emmanuelle Moureaux Urheberin der Designs sämtlicher ABC Cooking Studios sowie der abc kids studios für vier- bis elfjährige Kinder.

ABC烹饪工作室（日本）

ABC 烹饪工作室是在年轻女士中最流行的烹饪工作室。它坐落在日本每一个主要的城市。它的室内设计选用了醒目的、具有吸引力的色彩，形成了现代和令人愉悦的感觉。对于新的 ABC 烹饪工作室形象而言，这些形成了最重要的品牌识别内容。料理台和操作面是专门定制设计的。它们任意隔开的空间凸显出随意的氛围。烹饪中在最后装盘的时候可以拣选与之匹配的彩色桌子，众多的色彩提供了一个很宽泛的选择。它们立方体型的小房间由白色的三聚氢胺板和氨基甲酸乙酯涂层组成的。乙烯基地板最后饰以粗糙的蜡面肌理。伊曼纽尔摩洛克斯自 2004 年以来已经设计了全部 ABC 的烹饪工作室，而且从 2005 年开始为 4 ～ 11 岁的儿童设计了 ABC 儿童烹饪工作室。

The warm wood tones create a beautiful backdrop for the high-gloss colourful surfaces. The white walls and table legs intensify the colours.

Für die hochglänzenden farbigen Flächen bilden die warmen Holztöne einen schönen Hintergrund. Das Weiß der Wände und Tischbeine intensiviert die Farben.

温暖的木质调子为凸显高亮的缤纷色彩制造了一个美丽的背景，白色的墙和桌子腿更加强调了色彩的本质。

Cooking Studio

A room for tea ceremonies.

Ein Raum für eine Tee-Zeremonie.

为茶道而设计的房间。

There are Emmanuelle Moureaux-designed ABC Cooking Studios in Kyoto and other cities.

Es gibt von Emmanuelle Moureaux ausgestattete ABC Kochstudios in Kyoto und anderen großen Städten Japans.

在东京和其他城市都有伊曼纽尔摩洛克斯设计的ABC烹饪工作室。

Nakagawa Chemical CS Design Centre, Tokyo

Nakagawa Chemical is famous for its amazing adhesive coloured film products. The CS Design Centre functions as an interactive space where clients can try out as many as 1,200 different coloured film samples. The presentation of the product is unusual. There are five half-height tables with compartments through which one can browse as in a record shop. The colour films are presented as square panels the size of record covers. The cubicles are made of transparent acrylic and ideally boast a rainbow array of colours. Selected samples were applied to ceiling-high glass panels called Shikiri, which float above the black carpet with which they contrast particularly well. One wall of the CS Design Centre has 48 white light boxes that use different lighting media (incandescent, fluorescent and LED) to create animated colour patterns, as a sort of artwork.

Nakagawa Chemical CS Design Centre, Tokio

Der Hersteller Nakagawa Chemical ist bekannt für seine farbigen Oberflächenfolien. Das CS Design Centre dient als interaktiver Kundentreffpunkt, wo etwa 1.200 Farbvarianten der Folien zur Verfügung stehen. Ungewöhnlich ist die Präsentation des Produkts. Es gibt fünf halbhohe Tische mit Fächern, in denen man wie in einem Schallplattenladen blättern kann. Die Farben sind dort in Form von quadratischen Tafeln in Plattencovergröße einsortiert. Die Fächer bestehen aus durchsichtigem Acrylglas und bringen die Regenbogenpalette optimal zur Geltung. Einige Farben wurden auf deckenhohe Glaspaneele, Shikiri genannt, aufgezogen. Vom schwarzen Teppichboden heben sie sich besonders gut ab. An einer Wand des Design Centre wirken 48 quadratische weiße Kästchen, die über verschiedene Beleuchtungsmedien animierte Farbmuster enthalten, wie ein Kunstwerk.

中川昭一化学设备有限公司CS设计中心，东京

中川昭一化学设备有限公司以其黏性彩色胶片产品而著名。CS 设计中心是一个具有互动功能的空间，在这里客户可以对多达 1200 种彩色胶片样品进行试验。产品的演示是不同寻常的。人们透过五个半高的带箱体的桌子可以浏览唱片店。彩色胶片以一个唱片封套大小的方形呈现出来。这些小隔间以亚克力（丙烯酸）的材料制成，按照彩虹的颜色将其排列出来，从观念上给予完美展示。精选的样品被应用于称为席克丽的顶棚高度的玻璃面板上，这些面板悬浮于黑色的地毯上，形成了奇妙的对比。CS 设计中心的其中一面墙有 48 个白色轻型的盒子，使用不同的光媒介，作为一种艺术作品，产生出动态的彩色图形。

A four meter long, single continuous piece of Shikiri furniture works as a division of the space as well as a display box for catalogues and products.

Eine vier Meter lange weiße Theke aus Shikiri dient als Raumteiler und Display für Kataloge und andere Produkte.

一个4米长，单片连续而成的席克丽家具作为空间的分割如同盒子一样展示出产品样本目录。

纽特灵与瑞迪耶克

Breda Fire House (Netherlands)

For Neutelings & Riedijk Architects building is a process that clearly divides the composition of the interior space and the shell. They frequently develop their works from a block of Styrofoam, which, like the work of a sculptor, takes shapes by removing material. All of their buildings are initially 'born naked and then dressed'. In this case, the sharp-edged structures wear a dress of brick, faced with squares in a pattern of horizontally and vertically aligned bricks to make the brick façade. The bricks are a typical building material for the country and bring the appropriate red signal for a fire house into play without being flashy.

Feuerwache Breda (Niederlande)

Für Neutelings & Riedijk Architecten ist Bauen ein Prozess, der die Gestaltung des Volumens und der Hülle klar trennt. Sie entwickeln ihre Arbeiten häufig zunächst aus einer Gesamtform aus Styropor, die, wie bei der Arbeit eines Bildhauers, durch Abtragen ihre Gestalt erhält. Alle Gebäude werden so zunächst „nackt geboren und dann angezogen". In diesem Fall tragen die scharfkantigen Raumblöcke außen ein Kleid aus Ziegeln, die als Klinkerfassade mit einem Muster aus liegenden und stehenden Quadern vorgeblendet wurden. Die Ziegel sind ein landestypisches Baumaterial und bringen das für eine Feuerwache angemessene Rotsignal ins Spiel, ohne dabei aufdringlich zu wirken.

布雷达菲尔大楼（荷兰）

纽特灵与瑞迪耶克建筑大楼作为一种方式，清晰地划分出室内空间和外壳的构成。他们常常以聚苯乙烯材料来开发作品，这种材质可以像雕塑一样以切削材料的方式来塑形。所有的建筑最初都是“赤裸地诞生然后再穿上衣服”。在这个案例中建筑犀利的外缘穿上了红砖的外衣。表面上被装饰上了以垂直和水平的线条排列的图案形成的红砖建筑外观。在乡村中砖是最经典的建筑材料，同时以红色作为消防大楼的象征，显得恰如其分毫不做作。

In a few places, the brownish-red of the façade joins a black-and-white checkerboard element, for example on the large door.

An einigen wenigen Stellen gesellt sich zum Braunrot der Fassade ein schwarzweiß gewürfeltes Element, wie z. B. das große Tor.

在少数地方，建筑外观的棕红色添加进了黑白棋盘格的元素，成为一个大门的样例。

Black is also the colour of the window and door frames and all visible steel building structures.

Schwarz ist auch die Farbe der Fenster- und Türfassungen und aller sichtbaren Baustahlteile.

同时黑色也是窗户、门框以及所有建筑中可见的、钢构架的颜色。

In the interior, the simple design of black with white and earth-red is repeated – the brick colour repeats here on the gunite surfaces.

Im Innenraum wiederholt sich das schlichte Design aus Schwarz mit Weiß und Erdrot – der Ziegelton wiederholt sich hier an den Spritzbetonflächen.

在室内，压力喷浆的表面，黑与白以及泥土红的简洁设计形式被一再重复。

Minnaert Building, Utrecht University (Netherlands)

The building seems alien, coarse and a bit eerie. The enormous hall in its interior is dark as a cave. There is a pool inside. The long, drawn-out structure shows a futuristic asymmetrical geometry reminiscent of space ships in science-fiction films. However, the surface has something naturalistic. Perhaps this associative mixture is exactly the right mix for a faculty building for earth science, physics, and astronomy. The building is also a synthesis of modern technology and ecology in its function. It has a heat recovery system combined with natural building cooling by way of a rainwater reservoir. The gunite façade shines as a result of the concentration of an intense orange-earth pigment.

Minnaert-Gebäude, Universität Utrecht (Niederlande)

Das Gebäude wirkt fremdartig, grob und auch ein wenig unheimlich. Die gewaltige Halle in seinem Inneren ist düster wie eine Höhle. In ihr gibt es ein Wasserbecken. Der langgezogene Gebäudekörper zeigt eine futuristisch-asymmetrische Geometrie, die an Raumschiffe aus Science-Fiction-Filmen erinnert. Die Oberfläche hingegen hat etwas Naturhaftes. Vielleicht ist für ein Fakultätsgebäude der Geowissenschaften, Physik und Astronomie gerade diese assoziative Mischung die richtige. Auch in seiner Funktionsweise ist der Bau eine Synthese von moderner Technik und Ökologie. Er verfügt über ein Wärmerückgewinnungssystem in Kombination mit natürlicher Gebäudekühlung über ein Regenwasserreservoir. Die Fassade aus aufgespritztem Beton leuchtet aufgrund ihres Gehalts an Erdpigmenten intensiv orange.

米纳尔大楼，乌得勒支大学（荷兰）

这幢大楼看起来异形、粗糙，并且有点怪诞。室内巨大的厅看起来像岩洞一样黑暗。里面有一个水池，长长的、外引式结构显示出只有在科幻场景中才能看见的未来主义几何对称的感觉。然而这个表面还有一点自然主义风格。也许这个联合的混合型建筑是对具有地球科学、物理和宇宙感觉的功能性建筑的准确诠释。这个建筑同时在其功能性上也是现代技术与生态学的综合。同时它有着一个热修复系统，这个系统采用了以雨水储存方式进行自然的建筑冷却模式。在压力喷浆的表面闪闪发光，衬托出泥土一般的橙色。

Gunite offers excellent plastic possibilities.

Spritzbeton bietet hervorragende plastische Möglichkeiten.

压力喷浆的技术为卓越的塑形提供了可能性。

The university building is named for the Dutch natural scientist M. G. J. Minnaert.

Das Universitätsgebäude trägt den Namen des niederländischen Naturwissenschaftlers M. G. J. Minnaert.

这幢学院的大楼被命名为M·G·J·米纳尔荷兰自然科学院。

The added pigment results in changing colouration that seems more alive than a coat of paint.

Die hinzugefügten Pigmente ergeben eine changierende Färbung, die lebendiger wirkt als ein Anstrich.

增加的颜色导致色调改变，似乎比涂料表面更具有生动性。

奥菲斯建筑师事务所

Tetris Apartments, Ljubljana (Slovenia)

Ofis arhitekti are masters in enlivening extended façades of blocks of flats. They create individuality using seemingly countless variations of a prescribed pattern arrangement. Colour plays a special role in this. The right colour combinations create a harmonious impression. Colour underscores plasticity and can carry a rhythm. In Ljubljana the interplay of right- and left-oriented vertical supports with the horizontals of the floor divisions results in a meandering pattern. A handful of earth-tone colours are applied to the structure so that no meander section is identical to another. The indirect colouration of glass and metal on the balconies fits in well. The tinted façade elements consist of prefabricated wood fibreboard. Their shape is reminiscent of the computer game Tetris which was, after all, the source of the project's name.

Tetris Apartments, Ljubljana (Slowenien)

Ofis arhitekti sind Meister in der Belebung ausgedehnter Wohnblockfassaden. Über scheinbar unzählige Variationen eines vorgegebenen Ordnungsschemas schaffen sie Individualität. Farbe spielt dabei eine besondere Rolle. Die richtigen Farbkombinationen erzeugen einen harmonischen Eindruck. Farbe unterstützt Plastizität und kann Träger eines ästhetischen Rhythmus sein. In Ljubljana lässt der Wechsel von rechts- und linksgesteller vertikaler Stütze mit den Horizontalen der Geschosseinteilung ein Mäandermuster entstehen. Eine Handvoll Farben aus dem Naturtonbereich ist der Struktur so zugeordnet, dass kein Mäanderabschnitt dem anderen gleicht. Die indirekte Farbigkeit von Glas und Metall an den Balkonen passt gut dazu. Die getönten Fassadenelemente bestehen aus vorgefertigen Holzfaserplatten. Ihre Form erinnert an das Computerspiel Tetris, das schließlich namengebend für das Projekt wurde.

特雷斯公寓，卢布尔雅那（斯洛文尼亚）

奥非斯建筑在灵活处理平坦的整块建筑外观设计方面是首屈一指的大师。他们在为很多似乎是预设的图案上创造出无数的具有个性化的设计。在这上面色彩扮演了很特殊的角色。恰当的色彩组合创造出一个和谐的印象。色彩强调出形状并能形成韵律感。在卢布尔雅那左右定向的垂直线以地板的水平线划分出蜿蜒的图形。少量泥土的色调应用于建筑中以便将没有曲线的区域从中区分开来。阳台上应用于玻璃和金属的间接着色相得益彰。建筑外观染色的元素组成了预制木纤维板。它们的形状令人回忆起与特雷斯同名的计算机游戏。毕竟这就是这个项目命名的缘起。

The actual wall of the building shows two other shades of colour, which create a nice background for the colours of the balcony covering.

Die eigentliche Hauswand weist zwei weitere Farbtöne auf, die einen schönen Hintergrund für die Farben der Balkonverkleidungen bilden.

建筑实际的墙显示出两个不同的色调，这妙不可言的背景衬托出了阳台表层的颜色。

The surface configuration – part matte, part shiny – is the intermediary element between the colourful and plastic qualities of the building.

Die Oberflächenbeschaffenheit, mal matt, mal glänzend, ist das vermittelnde Element zwischen den farblichen und plastischen Qualitäten des Gebäudes.

表面的配置—— 一部分亚光，一部分闪耀，在缤纷的色彩和建筑的整体质量之间成为一个中和调节的元素。

Lace Apartments, Nova Gorica (Slovenia)

Nova Gorica with its climate, vegetation and general lifestyle has a typical Mediterranean character, with great importance attached to external shady spaces. Therefore the architects' task was to design a wealth of external spaces of varying characters for their client. Studying existing housing in the area, they developed a variety of spaces: open and enclosed balconies, terraces and loggias, partially covered or with pergolas, shielded on one side or completely glazed, and always of varying dimensions. Each apartment possesses a very individual external area, sometimes intimate, sometimes very open. The façade is of aluminium shading panels, which are particularly suitable as a medium for the sophisticated colour concept based upon the colours of the region to be found in the soil of the Gorica Valley, nearby vineyards, and the tiled roofs of old houses. However, because of the stripes, the locals apparently felt reminded of men's nightwear, and gave the apartments the nickname of "Pyjamas".

Streifen-Apartments, Nova Gorica (Slowenien)

Nova Gorica hat mit seinem Klima, seiner Vegetation und der allgemeinen Lebensweise einen typisch mediterranen Charakter. Dazu gehört insbesondere das Leben im Freien. Für den Auftraggeber entwickelten die Architekten daher eine Vielzahl von Außenräumen zu den Wohnungen und orientierten sich dabei auch an lokalen Formen. Es finden sich offene und geschlossene Balkone, Terrassen und Loggias, teils bedacht oder mit Pergolen versehen, einseitig beschirmt oder ganz verglast und immer wieder in den Abmessungen variiert. Jedes Apartment hat einen sehr individuellen, mal intimen, mal sehr offenen Außenraum. Das Fassadenmaterial ist Aluminium, das sich für das komplexe Farbkonzept besonders eignete. Die Palette bezieht sich auf Farben der Region: die Erde des Goricatals, Weinberge und die Ziegeldächer der alten Häuser. Durch die Streifen fühlten sich die Städter allerdings an Herrennachtwäsche erinnert und tauften die Apartments „Pyjamas".

拉切公寓，诺瓦格瑞卡（斯洛文尼亚）

诺瓦格瑞卡以其气候、植被和普遍的生活形态形成其典型的地中海风格，这里非常注重外部阴凉的空间。因此建筑师的任务是为他们的客户设计出格外富丽堂皇的、具有特性的空间。通过研究现有区域的建筑风格，他们开发了不同的格局，有开敞的、封闭的阳台、露台和凉廊，其中部分被藤蔓覆盖着，或露出凉亭下的小径，一边被遮蔽，或者完全光滑的，呈现出各种景观。每个公寓都占据一个单独的外部空间，有时候是私密的，有时候是非常开放的空间。作为一个表现地方色彩的媒介，铝制遮阳板的建筑外观尤其适合复杂的色彩概念，这个概念是基于格瑞卡山谷的泥土、附近的葡萄园、老房子顶上的瓷砖的印象。然而，因为条纹的图形令人们联想起男人的睡衣，因此当地的人们戏称这个公寓为“睡衣”。

Many balconies have integrated cupboards.

Manche Balkone haben Einbauschränke.

许多阳台被封上整合成橱柜的样子。

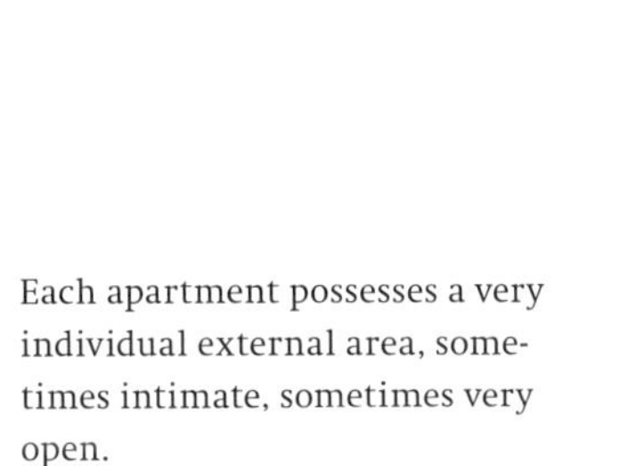

Each apartment possesses a very individual external area, sometimes intimate, sometimes very open.

Jedes Apartment hat einen sehr individuellen, mal intimen, mal sehr offenen Außenraum.

每个公寓都占据有一个非常独立的外部空间，有时较为私密、有时可以开敞。

The coloured aluminium has a noble effect and is easy to care for.

Das farbige Aluminium wirkt edel und ist leicht zu warten.

彩色的铝板具有显著的外观效果，而且易于打理。

瓦莱里奥·奥尔贾蒂

Bardill Studio, Scharans (Switzerland)

The Swiss mountain village of Scharans is a creative retreat for the musician and author Linard Bardill. A farmyard barn stood previously on the site of the current music studio. A regulation for building conservation restricted building activity to a restoration of the barn or a new building that copied the footprint and dimensions of the original building in order to retain the location's overall appearance. Valerio Olgiati realised the second alternative with a certain irony. He set a square of wall panels like a gingerbread house around the prescribed footprint. He did in fact copy the original gable contour, but these do not have a roof. So behind high, nearly completely closed walls a *Hortus conclusus* (enclosed garden) arose, of which only a third became the atelier space. The building sculpture is literally made of a mould – of red-coloured in-situ concrete, with which the few fixtures of steel and copper melt together.

Atelier Bardill, Scharans (Schweiz)

Kreativer Rückzugsort des Musikers, und Schriftstellers Linard Bardill ist das schweizerische Bergdorf Scharans. An der Stelle des heutigen Musikstudios stand zuvor eine Bauernhofscheune. Die Bauvorschriften hätten nur eine Restaurierung der Scheune erlaubt, oder einen Neubau, der Grundriss und Dimensionen des Altbaus nachzeichnen würde, um so das ursprüngliche Ortsbild zu bewahren. Valerio Olgiati realisierte die zweite Alternative mit einer gewissen Ironie. Wie ein Lebkuchenhaus setzte er ein Geviert aus Mauerscheiben um den vorgegebenen Plan. Er bildete zwar die alte Giebelkontur nach, doch diese trägt kein Dach. Nun ist hinter hohen, fast vollständig geschlossenen Mauern ein *Hortus conclusus* entstanden, von dem nur ein Drittel zum eigentlichen Atelierraum ausgebildet wurde. Die Gebäudeskulptur besteht aus rotgefärbtem Ortbeton, der mit den wenigen Einbauten aus Stahl und Kupfer verschmilzt.

巴第尔工作室，斯卡伦司（瑞士）

斯卡伦司的瑞士山谷是一处有创意的寓所，为音乐家和作曲家利纳尔·巴第尔而建。现在是音乐工作室的地方之前曾是一个农家庭院的仓房。为了保留地方上整体的风貌，对建筑保护的规则限定了建筑活动，以此恢复仓房的原貌或者新的建筑按照原有建筑的风貌来设计。瓦莱里奥奥尔贾蒂以一个明确的反讽手法实现了第二个反传统。他设计了一个方形建筑外观，像一块姜饼一样的房子环绕着预先设置的空间。他实际上拷贝了最初山形墙的轮廓线，但没有盖屋顶。因此在这个高处的后面几乎完全封闭的墙形成了闭合的花园，形成了第三个工作室空间。建筑的雕塑完全由模具铸造——涂有红色颜料的混凝土，这里还有少量铜和铁混合的固定装置。

The concrete building's colour matches the wooden façade of the old houses. Of course, whimsical decorative rosettes clearly show the difference of this structure.

Im Farbton passt sich das Betongebäude den Holzfassaden der alten Häuser an. Doch das verspielte dekorative Rosettenmotiv zeigt deutlich die Andersartigkeit des Objektes an.

建筑中混凝土的颜色匹配老房子木质建筑外观的颜色。当然，古怪的圆花饰清晰地展现出这个建筑与众不同之处。

多米尼克·佩罗

Priory Park Pavilion, Reigate (London)

The elliptical one-story building is covered with a layered surface of glass, whose steel frame elements seem dematerialised because of their reflective surface. Depending on position and lighting conditions, the pavilion reflects its surroundings and creates an irritating, faceted picture, or it becomes invisible behind the reflections. It stands in a hollow in a large meadow; just a short distance away, the forested park area begins. The meadow consists of circular grass areas of different grasses. As an analogy to that, the floor of the pavilion shows its own stylised picture of different brightly coloured circles that overlap each other.

Pavillon im Priory Park, Reigate (London)

Den ellipsoiden eingeschossigen Bau umgibt eine Schuppenhaut aus Glas, deren Einfassungselemente aus Stahl durch ihre spiegelglänzende Oberfläche wie entmaterialisiert wirken. Je nach Standpunkt und Lichtverhältnissen reflektiert der Pavillon seine Umgebung und erzeugt ein irritierendes, facettiertes Bild. Manchmal wird er durch die Spiegelung scheinbar unsichtbar. Er steht in einer Mulde innerhalb einer großen Wiese; erst ein Stück entfernt beginnt bewaldetes Parkgebiet. Die Wiese besteht aus kreisförmigen Rasenflächen aus verschiedenen Gräsern. In Analogie dazu zeigt der Boden des Pavillons ein eigens entworfenes Bild aus sich überschneidenden Kreisen in verschiedenen bunten Farben.

修道院公园凉亭，赖盖特，伦敦

椭圆形的单层建筑被施以多层的玻璃面，支撑其间的不锈钢结构框架由于反光特性削弱了物质感令其融于其间。依据位置和光线的条件，凉亭会反射出周遭的环境，创造出一个新的视觉刺激，对面的映像，或者隐匿在反射物后面变得似乎空无一物。它坐落在一个空旷的大草原之中，不远的地方便是森林公园的起点。这个草原是由不同种类的圆形草地组成的，与之相类似，凉亭的地板展示出相互叠印的各种彩色圆圈。

Perrault often shows influences of Earth art, particularly the works of Carl Andre.

Perrault zeigt sich häufig beeinflusst von der Land Art, insbesondere den Arbeiten von Carl Andre.

佩罗经常展示出地球艺术的影响，尤其是卡尔·安德烈的作品。

克里斯蒂安·德鲍赞巴克

Luxemburg Philharmonic

The Luxemburg Philharmonic's unusual foyer is reminiscent of a labyrinthine palace inside an iceberg. This impression is elicited by the angled, building-high wall sections that fit into each other like a backdrop. Their angles lean slightly together and hide secretive rooms, open up niches, perspectives and insights. The magical atmosphere is supported by the colour and light concept. All of the interspaces are palely tinted or rather staged with coloured light. Dark, warm colours dominate in the core of the building, in the concert hall, while the outer part of the building is surrounded by a forest of white, overly thin pillars. So the visitor experiences a three-fold light show, up to the climax with the concert experience in the building's interior. In the evenings, coloured light penetrates between the interspaces created by the pillars to the outside so the building seems like a lantern.

Philharmonie Luxemburg

Das außergewöhnliche Foyer der neuen Philharmonie in Luxemburg erinnert an einen labyrinthischen Palast im Inneren eines Eisbergs. Dieser Eindruck wird durch die schrägen, kulissenartig ineinander geschobenen, gebäudehohen Wandscheiben hervorgerufen. Ihre Schrägen neigen sich leicht zueinander und verbergen geheimnisvolle Räume, eröffnen Nischen, Durch- und Einblicke. Die verzauberte Atmosphäre wird durch das Farb-Licht-Konzept unterstützt. Alle Zwischenräume sind zart getönt bzw. durch farbiges Licht inszeniert. Im Kern des Gebäudes, im Konzertsaal, dominieren dunkle, warme Farben, während der Bau außen von einem Wald aus weißen, überschlanken Säulen umstellt ist. So erlebt der Besucher eine dreischichtige Lichtinszenierung, hin zum Höhepunkt mit dem Konzertereignis im Gebäudeinneren. Durch die Säulenzwischenräume dringt am Abend farbiges Licht nach außen und lässt den Bau wie eine Laterne wirken.

卢森堡爱乐乐团

卢森堡爱乐乐团不同寻常的前厅令人联想到迷宫的冰山一角。建筑的高墙部分像一个布景一般，每块相互之间都很契合。它们相互之间的角度微微倾斜地显示出一些隐藏的、私密的空间，仿佛一个可以看到的、开敞的壁龛。这个神秘的氛围是通过色彩和灯光的概念来展示的。所有的内部空间全部着上淡淡的色调，或者仅仅是舞台被施以明亮的颜色。深沉、温暖的颜色主宰着这个建筑的主色调。在音乐大厅，建筑的外部被一片白色的森林—— 一些纤细的柱子环绕着。参观者们会经历三个亮度的层次，在建筑内部以和谐的体验达致高潮。在傍晚，集中在室内空间的彩色的光线由内而外透过柱子洒落出来，令建筑物看起来如同一只灯笼。

Architecture is like music for de Portzamparc. His exhibition 'Un opéra fabuleux' in Lille shows a composition of space and colours.

Für de Portzamparc ist Architektur wie Musik. Seine Ausstellung „Un opéra fabuleux“ in Lille zeigte eine Komposition von Räumen und Farben.

对于克里斯蒂安・德鲍赞巴克而言建筑就如同音乐。在里尔他的展览“一个异乎寻常的歌剧院”展示出一首空间与色彩的交响乐。

The Luxemburg concert building is shaped like a snail's shell.

Das luxemburgische Konzerthaus ist schneckenhausförmig angelegt.

卢森堡音乐厅建筑被塑造成像是一个蜗牛的壳。

One can walk between the forest of pillars and the auditorium on a spiral ramp.

Über die Spirale der Rampe kann man zwischen dem Säulenwald und dem Auditorium spazieren.

人们可以在柱丛之间从螺旋形的斜梯漫步至观众席。

劳穆泽特

Expansion of the Bremen Youth Hostel (Germany)

The existing and expansion buildings became an ensemble of three construction volumes of different design, height and orientation. The vertical, towering, shiny yellow structure with the new guest rooms has a flush façade; the division of floors was intentionally overridden to emphasize the volumetric whole. The room-high windows have colourfully lacquered frames of aluminium, flush-mounted with the point holder affixed glass wall panels. The glass window parapets are on a level with the façade. A horizontally situated new wing of the building contains the youth hostel's common areas. With its eggplant-coloured façade of large-format aluminium composite panels it brings another focus into play. The shade leans towards the red/brown of the old hostel's brick walls. However, the façade is lustrous, not matte and porous like brick.

Erweiterung der Jugendherberge Bremen (Deutschland)

Bestand und Erweiterung sind zu einem Ensemble aus drei Bauvolumina unterschiedlicher Gestalt, Höhe und Orientierung entwickelt. Der vertikal aufragende, hochglänzend gelbe Baukörper mit den neuen Gästezimmern hat eine bündige Fassade; die Geschosseinteilung wurde bewusst überspielt, um das volumetrische Ganze zu betonen. Die raumhohen Fenster haben farbig lackierte Blendrahmen aus Aluminium, die bündig mit der punktgehaltenen, gläsernen Wandverkleidung abschließen. Die gläsernen Fensterbrüstungen liegen in einer Ebene mit der Fassade. Ein horizontal gelagerter neuer Gebäudeteil enthält die gemeinschaftlichen Bereiche der Jugendherberge. Mit seiner auberginefarbenen Fassade aus großformatigen Aluminium-Verbundtafeln bringt er einen anderen Akzent ins Spiel. Der Farbton lehnt sich an das Rotbraun der Ziegelmauer der alten Herberge an. Die Fassade ist jedoch glänzend, nicht matt und porös wie der Backstein.

布雷门青年旅馆的扩建（德国）

现存以及被扩建的建筑物由三个不同部分组成，其结构在高度、定位及设计上都不尽相同。这个有着新客房、垂直、塔形、黄颜色的建筑有了一个炫目的建筑外观。楼层的分割有意地优先强调整体的体积感。高高的落地窗户被饰以彩色的铝板框架，以暗装的方式镶嵌进玻璃幕墙。玻璃护墙被设计成与建筑外观持平。一个水平的、新的建筑侧翼包含了与青年旅馆相同的面积。其茄子色的立面大尺寸铝复合板将另一个重点展现出来了。色调是与旧建筑的外观色彩一致的红棕色。然而，建筑外观是有光泽的，并不似砖块的粗糙感和具有渗透性。

Passages, panoramic views, and the building's colour as a landmark contribute to the revitalisation of the waterfront 'Schlachte'.

Passagen, Panoramablicke und die Gebäudefarbe als Landmarke, tragen zur Revitalisierung der Uferpromenade „Schlachte" bei.

通道、观景点和建筑的色彩作为一个地标为振兴海滨的改建作出了贡献。

The modulations of lemon, orange, yellow and beige shades are slightly discordant, which seems refreshing and makes them shine like signals, much like the shipping signals on the Weser.

Die Modulationen der Zitronen-, Orange-, Gelb- und Beigetöne enthalten leichte Disharmonien, die erfrischend wirken und signalhaft leuchten, wie die gelben Schiffahrtszeichen der Weser.

柠檬色、橙色、黄色、米黄色的调子有些微的不协调，像闪耀的信号，或者更像是威悉河上航船的信号，它们似乎令人为之一振。

The colouring supports the building design: old and new intentionally stand next to each other in a relationship of vibrancy and friction.

Die Farbgebung unterstützt das Gebäudekonzept: Alt und Neu stehen bewusst in einem Verhältnis von Resonanz und Reibung zueinander.

色彩支撑着建筑的设计：新旧风格彼此刻意相接，在对比中展示出生气和活力。

施泰德勒及其合伙人建筑事务所

Alfred Wegener Institute, Bremerhaven (Germany)

Steidle + Partner worked with the Berlin artist Erich Wiesner on this façade design as they have before. Black and white meet colour, but in a reserved way. Colour variations move formally along the rectangle. A long building along the harbour shore is the base. Three tower-like structures that house the common areas, such as the cafeteria and meeting rooms, protrude from it. All of the building sections are based on the cube. The rectangular form of the façade's bricks corresponds with the windows' square patterns. Every tower brings a bright colour into play and is thereby identifiable. Each interior courtyard is also set apart by its colour. The outer skin consists of colourfully glazed stones. Monochromatic wall areas are adjacent to abstractly patterned surfaces in white, grey and black.

Alfred-Wegener-Institut, Bremerhaven (Deutschland)

Wie bereits zuvor, so arbeiteten auch bei diesem Fassadenkonzept Steidle + Partner mit dem Berliner Künstler Erich Wiesner zusammen. Schwarz-Weiß trifft Bunt, jedoch auf zurückhaltende Art und Weise. Formal gehen Variationen über das Rechteck mit dieser Farbigkeit einher. Ein am Hafenufer langgestreckter Gebäudekörper bildet den Sockel. Aus ihm ragen drei turmartige Aufbauten, die jeweils die Gemeinschaftsbereiche wie Kantine und Besprechungsräume enthalten. Alle Gebäudeteile sind aus dem Kubus aufgebaut. Damit korrespondieren die Rechteckform der Ziegel der Fassadenverkleidung und das Quadratraster der Fenster. Jeder Turm bringt eine Buntfarbe mit ins Spiel und ist dadurch identifizierbar. Auch jeder Innenhof hebt sich farblich ab. Die Außenhaut besteht aus farbig glasierten Steinen. Monochrome Wandbereiche stehen neben abstrakt gemusterten Flächen in Weiß-Grau-Schwarz.

阿尔弗雷德韦格纳学院，不来梅港（德国）

施泰德勒合伙人建筑事务所与柏林艺术家埃里希·维斯纳一如既往合作为这个建筑的外观做了设计。黑白双色与色彩相遇，而不是含蓄的风格。不同的色彩按照角度有规律地分布，长形的建筑沿着港口的分布成为一种基础格局。三个塔形的建筑占地面积是一样的，像咖啡馆和会议室是从里面伸出来的，所有的建筑部分基于一个立方体的结构。外观墙面矩形的砖块与窗户的方形图案吻合。每一个塔楼都带来明亮的色彩使之卓然而出。每个室内设计的院子也都由其色彩标示出来。外观的材质由一些闪闪发亮的彩色石头组成。单色的墙以抽象的黑白灰图案比邻相接。

Stairwells, hallways and the foyer complete the primary colour spectrum with red and blue.

Treppenräume, Flure und das Foyer vervollständigen mit Rot und Blau das Grundfarbenspektrum.

天井、走廊与休息室首先以红与蓝的色谱进行设计。

The square windows are distributed irregularly, sometimes flush with the façade and sometimes recessed.

Die quadratischen Fenster sind unregelmäßig verteilt und mal bündig mit der Fassade, mal zurückgesetzt.

方形的窗户不规则地分布着，有时突出于墙面，有时又深藏其间。

The open areas are consistently laid out with right angles, but planted, including the roof terraces.

Die Freiflächen, einschließlich der Dachterrassen, sind konsequent rechtwinklig angelegt und begrünt.

开敞的面积除了植物，包括屋顶的平台始终靠右边排列着。

At different points, the basically rectangular footprint diverges into extremely acute or flat angles.

An verschiedenen Stellen weicht der rechteckbasierte Grundriss in extrem spitze oder flache Winkel ab.

在不同的视角，形似矩形的体块分布时而紧密，时而平缓。

On the other hand, the tile pattern obscures these points and an irritating impression is the result.

Das Fliesenmuster überspielt diese Stellen andererseits, und es entsteht ein irritierender Eindruck.

另一方面，瓷砖平铺的模式掩盖了这些角度，削弱了视觉印象。

阿奇工作室

Nembro Library, Bergamo (Italy)

Archea Associati expanded the new city library in Nembro, an old schoolhouse from the 19th century, with an annexe. The annexe is covered with a light, two-layered dress of small movable square plates in front of a glass façade. Because the functional origin for this construction was sun protection, one could call it a completely façade-encompassing jalousie. Freely moving suspended elements of glazed terracotta create this curtain. The glaze colour is a uniform deep red; however, it changes as the elements turn in the light. A reference to content is apparent in the "book format" of the terracotta squares. A colour connection to the original building and the rest of the regional buildings arises through the approximation of the red in the ceiling tiles in the surroundings.

Bibliothek Nembro, Bergamo (Italien)

Die neue städtische Bibliothek in Nembro, ein altes Schulhaus aus dem 19. Jahrhundert, wurde von Archea Associati um einen Anbau ergänzt. Der Erweiterungsbau trägt ein lichtes, zweischichtiges Kleid aus beweglichen Quadratplättchen vor einer Glasfassade. Da der funktionale Ausgangspunkt der Konstruktion der Sonnenschutz war, könnte man ihn als fassadenumfassende Variation einer Jalousie bezeichnen. Frei beweglich aufgehängte Elemente aus glasierter Terrakotta bilden diesen Vorhang. Die Glasurfarbe ist einheitlich tiefrot, changiert jedoch durch die Drehung der Elemente im Licht. Ein inhaltlicher Bezug wird durch das „Buchformat" der Terrakottawürfel offensichtlich. Eine farbliche Anbindung an den Altbau und die übrige regionale Bebauung entsteht durch die Annäherung an das Rot der Dachziegel der Umgebung.

内部罗图书馆，贝加莫（意大利）

在贝加莫，阿克雅事务所扩建了新的城市图书馆，是在 19 世纪建成的一个老学校旁扩建了一个附属建筑。这个附属建筑似乎被光覆盖着，在玻璃外墙前被装饰以双层、可动的方片。这是为了遮蔽阳光的照射，人们也许会称它为建筑外观的百叶窗。这个自由摆动的悬浮元素是由陶土制成的帘幕。这个釉面的色彩有统一的深红色，并成为色调渐变的一个要素，其内容正是由如同书本一般的陶片方块组成。通过环绕四周的顶棚上的红色逐渐蔓延，与原有建筑物及区域建筑物其余部分的颜色相融合。

The spatial and formal separation from the original building was important for the architects.

Wichtig war den Architekten die räumliche und formale Abgrenzung zum Altbau.

在这个新颖的建筑物中，空间及有条理的布局成为这个建筑的重点。

Because the new building is freestanding, its light phenomenon is visible from all sides.

Da der Neubau frei steht, kann er nach allen Seiten seine Lichtphänomene zeigen.

因为这个建筑是独立式的，它的照明部分在所有内空间都是可见的。

The glazed ceramics are a valuable material rich in history.

Die glasierten Keramiken sind ein traditionsreiches, wertvolles Material.

作为一种珍贵的材质，釉面陶瓷的运用在历史上也比比皆是。

UN 工作室

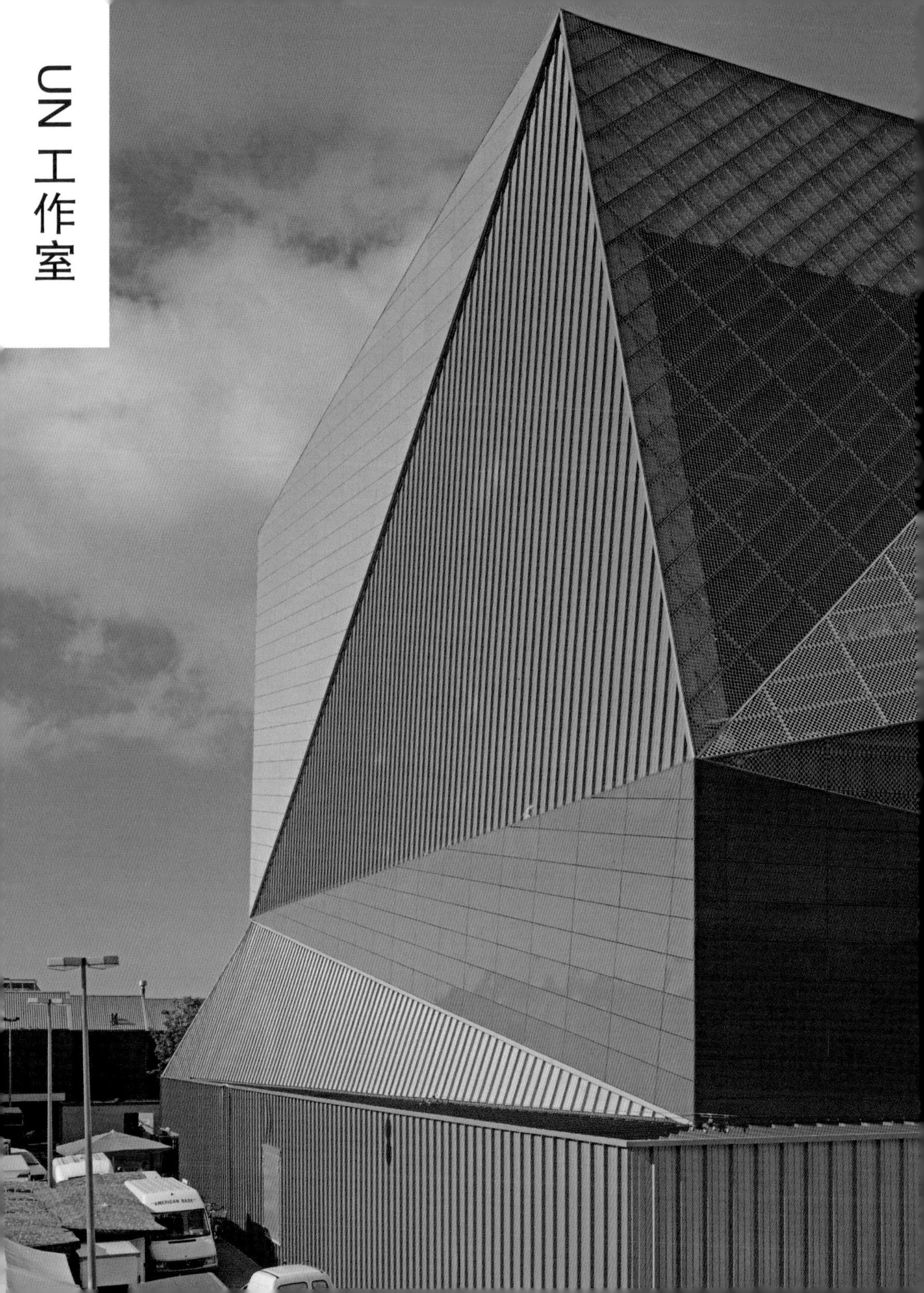

Agora Theatre, Lelystad (Netherlands)

The Agora Theatre from UNStudio is one of the most outstanding statements in the area of architecture and colour. The three selected primary shades, orange for the exterior surface, pink for the foyer and red for the theatre space, are each strong signals on their own. Through treating and folding the surfaces, varied shades arise within these three colours. The façade consists of a layer of differently lacquered perforated metal plates. The bottom layer of colour shimmers through the openings, resulting in a moiré effect. Both outside and inside the large, irregular surfaces reveal a rich texture of nubs, folds and perforations. In its large dimension, the entire building is a relief of folded planes.

Agora-Theater, Lelystad (Niederlande)

Das Agora-Theater von UNStudio ist eines der herausragendsten Statements im Bereich Architektur und Farbe. Die drei gewählten Haupttöne, Orange für die Außenhaut, Pink für das Foyer, Rot für den Saal, sind jeder für sich schon ein starkes Signal. Durch Bearbeitung und Faltung der Oberflächen entstehen vielfältige Schattierungen innerhalb dieser drei Farben. Die Fassade besteht aus einer Schichtung unterschiedlich lackierter Lochbleche. Die untere Farbschicht schimmert durch die Öffnungen, und es entsteht ein Moiréeffekt. Außen wie innen weisen die großen, unregelmäßigen Flächen eine reiche Textur aus Noppen, Falzen und Perforationen auf. In großer Dimension besteht das ganze Gebäude aus einem Relief gefalteter Ebenen.

安卡罗剧院，莱利斯塔德（荷兰）

安卡罗剧院是UN工作室在建筑与色彩领域最杰出的表现之一。三个精选的色调成为首选，橙色为外观的颜色，粉红色作为门厅的颜色，而红色是剧院空间的主色彩，每一个都成为它们自身鲜明的符号。通过表面折叠和处理，在这三个主调中又产生了不同的变化。外观由一层喷漆的穿孔金属板组成。透过金属网孔，彩色的底层在微微发光，如同网状织物的效果。内外空间大面积、不规则的表面显示出局部、多层和穿孔、丰富的肌理效果，在这个巨大的空间里，整体的建筑如同折叠飞机的模型。

SCARLET ZAAL BALKON EVEN
LELYSTAD ZAAL
FLEVOLAND ZAAL

In the foyer, the noncolour white accentuates the pink.

Im Foyer bringt die Nichtfarbe Weiß das Pink zum Leuchten.

在门厅，纯净的白色突出了粉红色。

Coloured light bands guide the audience to the individual theatres. The light becomes more intense near the entrances.

Farblichtbänder leiten die Zuschauer in die einzelnen Säle. Zu den Eingängen hin wird das Licht intensiver.

彩灯照明引导着观众走进自己的空间；接近入口处照明会变得更加密集。

The visual presence of the building in a largely empty environment was important to the architects.

Die visuelle Präsenz des Gebäudes in einem weitgehend leeren Umfeld war den Architekten wichtig.

在空旷而巨大的空间环境里一望而知的剧院，成为醒目的建筑物。

The seating, wall and ceiling surfaces in the large theatre present themselves uniformly in classic red.

Die Bestuhlung, Wand- und Deckenflächen des großen Theatersaals präsentieren sich einheitlich in klassischem Rot.

在大剧院里座位、墙和顶棚的表面，被统一在经典的红色中。

In the auditorium the tridimensional surface of the walls also serves acoustic purposes.

Im Theaterraum dienen die Wandfaltungen auch der Akustik.

观众席里三维的墙面设计也服务于视听的目的。

LUXURY HALL WEST
GUCCI

Galleria Mall, Seoul

An existing shopping mall in the fashion quarter Apgujeong-dong received a new dress. By day, the scaled surface of round, frosted glass plates seems elegant. A pale reflection of sun and sky enlivens it unobtrusively. By dark, the multimedia system, to which every glass plate is connected and centrally controlled, is activated. It allows a never-ending palette of colour changes, whose different colours can roll across the façade in waves. The system reacts to changing weather conditions, among other things. In combination with a random generator, the dynamic façade creates a colour show that magnetically attracts passers-by and draws them into a shopping experience.

Galleria-Kaufhaus, Seoul

Eine bestehende Shopping-Mall im Fashion-Bezirk Apgujeong-dong bekam ein neues Kleid. Tagsüber wirkt ihre Schuppenhaut aus runden, gefrosteten Glasplatten elegant. Ein leichter Widerschein von Sonne und Himmel belebt sie dezent. Bei Dunkelheit wird das Multimediasystem aktiviert, an das jede der Glasscheiben angeschlossen ist und das zentral gesteuert wird. Es ermöglicht eine unendliche Palette von Farbwechseln, die in Wellen über die Fassade wandern. Das System reagiert unter anderem auf wechselnde Wetterbedingungen. In Kombination mit einem Zufallsgenerator erzeugt die dynamische Fassade ein Farbschauspiel, das die Passanten magnetisch anzieht und zum Einkaufserlebnis verführt.

商业街购物中心，首尔

一个令人兴奋的购物中心在时髦的狎鸥亭洞得到了焕然一新的装饰。在白天，成比例的圆形以及磨砂玻璃的表面似乎被优雅地展示出来了。它只淡淡地反射出太阳和天空的变幻，似乎不那么显著。到了夜晚，在多媒体系统的控制下，每一个相连接的玻璃面似乎变得栩栩如生，就像一个永不停止变幻的调色盘，不同的色彩如波浪般滚动着穿过墙面。除此之外，这个系统还反映出不断变幻的天气条件。结合随机数产生器，这个动态的墙面还创造出一种色彩展示，如磁石般牢牢吸引住路人并引导他们获得一种购物体验。

The façade is a development of UNStudio and Arup Lighting.

Die Fassade ist eine Entwicklung von UNStudio und Arup Lighting.

建筑外观是UN工作室和阿勒普（Arup）照明设计的一种发展。

Even people out on walks who are already familiar with the building remain standing time and again in anticipation of a new light effect.

Auch Spaziergänger, die das Gebäude schon kennen, bleiben in Erwartung eines neuen Lichteffekts immer wieder stehen.

即使外出漫步的人们已经熟悉了这个建筑，仍会继续停留一会儿并再次期待新的灯光效果出现。

The continuous colour changes awaken the impression of a massive, glowing body.

Die stufenlosen Farbverläufe erwecken den Eindruck eines massiven, glühenden Körpers.

连续不断的色彩变化仿佛唤醒了这个巨大的发光体。

The inside also received a new, futuristic design.

Auch das Innere bekam eine neues, futuristisches Design.

内部设计也体现出一个新颖的、未来主义设计的风格。

A succession of colourful catwalks invites strolling.

Eine Abfolge von bunten Stegen lädt zum Spazieren ein.

一连串闪耀着缤纷色彩的T台似乎在邀请着人们漫步其间。

La Defense Office Building, Almere (Netherlands)

From the city, the long office complex seems inconspicuous. Rather, its silver-grey façade shows a matte reflection of the surroundings. It is enclosed like a fortress. The large parcel has just two narrow entrances. The view one sees when glancing into the complex is all the more striking. The interior courtyards open surprisingly and in contrast with the exterior appearance as a dazzling rainbow world. Its glass façades are covered in dichromatic film whose special crystalline structure constantly creates new, brilliant colour effects, depending on the light's intensity and angle of incidence. Because this is not a coloured material but rather a reflection of natural light, the visible colours include the entire spectrum, including all compound colours. For the human eye they appear different to the camera – only the on-site experience allows optimal impressions.

Bürogebäude La Defense, Almere (Niederlande)

Zur Stadt hin wirkt der langgestreckte Gebäudekomplex unauffällig. Seine silbergraue Fassade zeigt im Gegenteil nur eine matte Widerspiegelung der Umgebung. Er ist festungsartig abgeschlossen. Das große Grundstück hat nur zwei schmale Zugänge. Umso frappierender ist das Bild, das sich dort beim Blick in die Anlage bietet. Die Innenhöfe öffnen sich überraschend und im Kontrast zum äußeren Anschein als schillernde Regenbogenwelt. Ihre Glasfassaden wurden mit einer dichromatischen Folie versehen, deren besondere Kristallstruktur ständig neue, brillante Farbeffekte entstehen lässt, je nach Stärke und Einfallswinkel des Lichts. Da es sich nicht um gefärbtes Material, sondern um Reflexionen des natürlichen Lichts handelt, umfassen die wahrnehmbaren Farbtöne das gesamte Spektrum, einschließlich aller Mischfarben. Für das menschliche Auge stellen sie sich anders dar als für eine Kamera – erst das Erlebnis vor Ort ermöglicht den optimalen Eindruck.

拉德芳斯办公大楼，阿梅尔（荷兰）

从城市中心看出去，这个长长的办公大楼看上去并不起眼。但是它银灰色的外观却能将周围的景致温和地反射出来。它像一个要塞一样是封闭起来的。最大的部分仅有两条狭窄的入口。当扫过一眼之后，看见这个复合体的人们会难以忘怀。室内的院落令人惊奇地开启着，其炫目的彩虹世界与外观景象形成对比。它的玻璃幕墙被覆上一层双色胶片，通过灯光的强烈照射，其特殊的、水晶般的建筑体不断创造出新颖的、辉煌的彩色特效。因为这不是一个彩色的材质做成而是通过自然光的反射形成的，包括了所有可见的色谱。从人眼和相机中看出去是不同的景象，只有身临其境的经验才能让你获得最佳的印象。

The film is translucent. In the interior spaces the colour effects are weaker and take a back seat to the spatial impression.

Die Folie ist transluzent. In den Innenräumen sind die Farbeffekte schwächer und treten gegenüber dem Raumeindruck zurück.

胶片是半透明的。在室内空间中色彩效果不是那么明显，这是转到背后所看到的空间印象。

The texture of the façades, like the footprints, is striped.

Die Textur der Fassaden wie auch die der Grundrisse ist streifenförmig.

建筑外观的肌理就像是覆盖的材质被撕去了一部分。

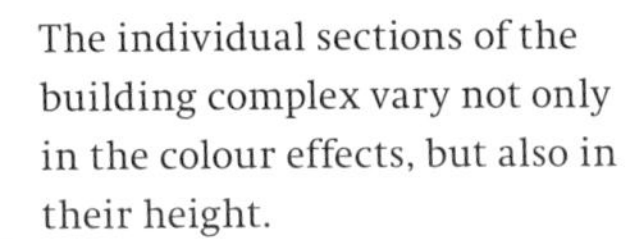

The individual sections of the building complex vary not only in the colour effects, but also in their height.

Die einzelnen Abschnitte des Gebäudekomplexes variieren nicht nur bei den Farbeffekten, sondern auch in der Höhe.

不仅在色彩效果上，在高度上而言综合大楼的各个部分也是不同的。

维尔福德·舒普建筑师事务所

Building K, Sto AG, Stühlingen (Germany)

The Sto AG, an internationally leading producer of colour, façade and lamination systems, has its headquarters in southwest Germany directly on the Swiss border. The delightful landscape sets high standards for the design of new buildings. The new training and office building emerges with the function as a signal in the landscape. It serves widely as a visible business card for the company. Wilford Schupp Architekten are profiled designers in the area of colour design. As a result, they were the appropriate partner for the paint manufacturer Sto AG and implemented building projects for the company until quite recently. The colours and their use with different materials are the key to corporate identity here. In addition, the different functions of the building and the differentiation among the individual functional areas are expressed through the use of colour with different materials.

Gebäude „K", Sto AG, Stühlingen (Deutschland)

Die Sto AG, ein international führender Produzent von Farb-, Fassaden- und Beschichtungssystemen, hat ihren Hauptsitz im Südwesten Deutschlands unmittelbar an der Schweizerischen Grenze. Die landschaftlich reizvolle Lage setzt hohe Maßstäbe bei der Gestaltung neuer Bauten. Dem neuen Schulungs- und Bürogebäude wächst topographisch die Funktion eines Signals in der Landschaft zu. Es dient als weithin sichtbare Visitenkarte des Unternehmens. Wilford Schupp Architekten sind profilierte Gestalter im Bereich Farbdesign. Sie waren damit der geeignete Partner für den Farbenhersteller Sto AG und realisierten bis in die jüngste Zeit Bauprojekte für das Unternehmen. Die Farbigkeit und ihre Umsetzung an verschiedenen Materialien sind hier der Schlüssel zur Corporate Identity. Außerdem werden so die verschiedenen Funktionen des Gebäudes hervorgehoben.

K大楼，Sto AG，斯图灵根（德国）

Sto AG是一个在德国西南部的公司，其产品以色彩、建筑外观以及薄板定制系统领先于行业中，并直接出口瑞士。赏心悦目的景观设计为新建筑的设计制定了高标准。培训和办公大楼的面世以其功能性成为景观设计的一个象征。作为一个商业品牌它广泛地服务于各类公司。维尔福德·舒普建筑师事务所大多是以色彩设计见长的设计师。近年来，他们与Sto AG的涂料制造者们联手实施商业楼项目。在实施中他们在色彩和不同材质的运用上鹤立鸡群。此外他们通过不同色彩和材质的运用将大楼不同的功能和各个独立区域的功能区分开来。

The colour products allow an integrated use of selected colours regardless of background material. So, for example, an exact colour match between wall and window frame is possible.

Die Farbprodukte ermöglichen eine durchgängige Verwendung ausgesuchter Farben, unabhängig vom Untergrundmaterial. So ist z.B. eine exakte farbliche Übereinstimmung von Wand und Fensterrahmung möglich.

无论背景材料如何着色，产品允许定制颜色并整合运用。举例而言，在墙和窗框之间选定相匹配的、精准的颜色是完全可以达到的。

Sto AG, Hamburg

Administration, training and warehouse buildings for Sto AG were constructed in a commercial park in southeast Hamburg. The owner's project definition required the use of company-fabricated products (paints, plasters, façade systems), the development and application of a panel system, consideration of the corporate design with the colours yellow, white, and black, and the development of the structure as a modular construction kit system for the building of further locations. Different functions in self-contained structures are expressed within the building complex: the storage area as a long white structure with a flat roof, the office as an elevated, rectangular, yellow structure with a barrel-shaped roof, the red, quadratic training building with a mono-pitch roof, and the white, curving exhibition area of brick as a regionally typical product.

Sto AG, Hamburg

In einem Gewerbegebiet im Südosten Hamburgs entstanden Verwaltungs-, Schulungs- und Lagergebäude der Sto AG. In der Aufgabenstellung des Bauherrn waren der Einsatz von firmeneigenen Produkten (Farben, Putze, Fassadensysteme), die Entwicklung und Anwendung eines Paneelsystems, die Berücksichtigung des Corporate Design mit den Farbtönen Gelb, Weiß und Schwarz und die Entwicklung der Baukörper als modulares Baukastensystem für den Bau weiterer Niederlassungen gefordert. Innerhalb des Gebäudeensembles drücken sich verschiedene Funktionen in eigenständigen Baukörpern aus: ein langer, weißer Baukörper mit Flachdach als Lager, das Büro als aufgeständerter, gelber Baukörper mit Tonnendach, ein rotes Schulungsgebäude mit Pultdach und das weiße, gekurvte Ausstellungsbereich aus Klinker als regionaltypischem Produkt.

Sto AG，汉堡

Sto AG 的行政、培训和仓库大楼被建在汉堡西南部的商业公园。业主要求本项目使用公司制造的产品（涂料、石膏和墙面系统），开发与应用分组安装系统，并结合黄色、白色和黑色来考虑，以建筑模块化的成套系统为建筑进一步定位。在建筑的综合性上表现了建筑自身的功能：一个长的白色平屋顶可以起到储物的作用；配备有电梯的办公楼；矩形的有着栅栏的黄色屋顶结构，红色的方形培训大楼有着一个单坡顶；白色、曲线的砖砌展示大厅展示出地域特色。

While substance fades into the background through the two-dimensional use of specific shades of colour, the characteristic shape of the uniformly coloured structures is emphasised.

Während Materialität durch den flächigen Einsatz bestimmter Farbtöne in den Hintergrund tritt, wird die charakteristische Form des einheitlich gefärbten Baukörpers hervorgehoben.

通过具体色调在二维空间中的使用，将建筑的物质特性逐渐退隐在背景里，统一的色调赋予这个建筑一些特质，并将其凸显出来。

Directory | Verzeichnis

索引

AFF architekten
德国柏林
www.aff-architekten.com
摄影: *© Sven Fröhlich, AFF*

Wiel Arets
荷兰马斯特里赫特
www.wielarets.nl
摄影: *Laufen GmbH*

Alsop Architects
英国伦敦
www.alsoparchitects.com
摄影: *Morley von Sternberg, Rod Coyne*

Arakawa + Gins
美国纽约
www.reversibledestiny.org
Photos Bioscleve House:
Jose Luis Perez-Griffo Viquera, Joke Post, Dimitris Yeros
Photos Reversible Destiny Apartmens:
Masataka Nakano

Bolles + Wilson
德国明斯特
www.bolles-wilson.com
摄影: *Christian Richters*

burkhalter sumi
瑞士苏黎世
www.burkhalter-sumi.ch
摄影: *Heinz Unger*

C+S ASSOCIATI Architects
意大利特雷维索
www.cipiuesse.it
摄影: *c+s associate (Cappai, Chemollo)*

CamenzindEvolution
瑞士苏黎世
www.camenzindevolution.com
Photos Seewürfel:
evo/CamenzindEvolution,
evo/YT, Ferit Kuyas, Jean-Jacques Ruchti
Photos Google: Peter Wurmli

David Chipperfield
英国伦敦
www.davidchipperfield.co.uk
摄影: *Christian Richters*

de architectengroep
荷兰阿姆斯特丹
www.dearchitectengroep.com
摄影: *Christian Richters*

deffner voitländer architekten
德国达豪
www.dv-arc.de
摄影: *dv architekten, Judith Buss*

GATERMANN + SCHOSSIG
德国科隆
www.gatermann-schossig.de
摄影: *GATERMANN + SCHOSSIG, Reiner Perrey*

John Hejduk (*1929 †2000)
www.wallhouse.nl
摄影: *Christian Richters*

Herzog & de Meuron
瑞士巴塞尔
info@herzogdemeuron.ch
摄影: *Christian Richters*

Steven Holl
美国纽约
www.stevenholl.com
摄影: *Christian Richters*

Kresing Architekten
德国明斯特
www.kresing.de
摄影: *Christian Richters*

Mecanoo
荷兰代尔夫特
www.mecanoo.com
摄影: *Christian Richters*

emmanuelle moureaux
architecture + design
日本东京
www.emmanuelle.jp
Photos ABC Studios: Nagaishi, Nihonbashi, Tanaka
Photos CS Design Studio: Nagaishi

Neutelings & Riedijk
荷兰鹿特丹
www.neutelings-riedijk.com
摄影: *Christian Richters*

OFIS arhitekti
斯洛文尼亚卢布尔雅那
www.ofis-a.si
摄影: *Tomaz Gregoric*

Valerio Olgiati
瑞士弗林斯
www.olgiati.net
摄影: *Archive Olgiati*

Dominique Perrault
法国巴黎
www.perraultarchitecte.com
摄影: *Christian Richters*

Christian de Portzamparc
法国巴黎
www.chdeportzamparc.com
摄影: *Christian Richters*

raumzeit
德国柏林
www.raumzeit.org
摄影: *Werner Huthmacher*

steidle architekten
德国慕尼黑
www.steidle-architekten.de
摄影: *Christian Richters*

Studio Archea
意大利佛罗伦萨
www.archea.it
摄影: *Christian Richters*

UNStudio
荷兰阿姆斯特丹
www.unstudio.com
摄影: *Christian Richters*

Wilford Schupp Architekten
德国斯图加特
www.wilfordschupp.de
摄影: *Sto AG*

著作权合同登记图字：01-2012-4630号

图书在版编目(CIP)数据

色彩设计（中英德文对照）/（德）林茨著；董红羽译．—北京：中国建筑工业出版社，2014.7
（国外建筑设计案例精选）
ISBN 978-7-112-16827-9

Ⅰ.①色… Ⅱ.①林…②董… Ⅲ.①建筑色彩-建筑设计 Ⅳ.①TU115

中国版本图书馆 CIP 数据核字（2014）第095788号

Original title and ISBN:
Architecture Compact: Colour-Farbe-Couleur, 4975, ISBN 978-3-8331-5463-8

Research, Text and Editorial: Barbara Linz
Layout: Ilona Buchholz, Köln
Produced by: ditter.projektagentur gmbh
www.ditter.net
Design concept: Klett Fischer
architecture + design publishing

责任编辑：孙立波　率　琦　白玉美　　责任校对：陈晶晶　党　蕾

国外建筑设计案例精选
色彩设计
（中英德文对照）
［德］芭芭拉·林茨　著
董红羽　译
*
中国建筑工业出版社出版、发行(北京西郊百万庄)
各地新华书店、建筑书店经销
北京嘉泰利德公司制版
恒美印务（广州）有限公司印刷
*
开本：880×1230毫米　1/32　印张：9　字数：320千字
2014年11月第一版　2014年11月第一次印刷
定价：85.00元
ISBN 978-7-112-16827-9
(25607)